电网设备
无人机自动机场建设与应用

国网江苏省电力有限公司泰州供电分公司　组编

范炜豪　主编

中国电力出版社
CHINA ELECTRIC POWER PRESS

内 容 提 要

本书全面深入地探讨了智能巡检技术在电力行业中的关键应用，介绍了无人机巡检技术的发展历程及其在电网设备运维中的应用，特别强调了无人机自动机场在提升效率、降低成本和实现自动化方面的突出优势。

全书分为 8 章，包括国内外无人机机场概述、无人机自动机场设备概述、电网设备无人机自动机场规划建设、电网设备无人机自动机场智能管控、电网设备无人机自动机场巡检应用场景及策略、电网设备无人机机场安全保障、电网设备无人机机场资产管理与检测维护、电网设备无人机自动机场未来展望。

本书内容系统全面，理论结合实际，可供电力行业技术人员、工程师和决策者学习参考，为其能够更好地应对日益复杂的电力系统运行挑战提供了宝贵的信息和实践指导。

图书在版编目（CIP）数据

电网设备无人机自动机场建设与应用 / 国网江苏省电力有限公司泰州供电分公司组编；范炜豪主编. -- 北京：中国电力出版社，2024.7
ISBN 978-7-5198-8917-3

Ⅰ. ①电… Ⅱ. ①国…②范… Ⅲ. ①电网–电力工程–无人驾驶飞机–机场建设 Ⅳ. ①TM727

中国国家版本馆 CIP 数据核字（2024）第 099126 号

出版发行：中国电力出版社
地　　址：北京市东城区北京站西街 19 号（邮政编码 100005）
网　　址：http://www.cepp.sgcc.com.cn
责任编辑：杨淑玲（010-63412602）
责任校对：黄　蓓　王小鹏
装帧设计：王红柳
责任印制：杨晓东
印　　刷：三河市万龙印装有限公司
版　　次：2024 年 7 月第一版
印　　次：2024 年 7 月北京第一次印刷
开　　本：787 毫米×1092 毫米　16 开本
印　　张：11.25
字　　数：278 千字
定　　价：78.00 元

本书编委会

主　　编　范炜豪

副主编　戴永东　王　健　唐达燊　刘　玺

编写人员　（排名不分先后）

丁　建　王茂飞　韩腾飞　梁　一　唐正亚

殷　明　余万金　柳建蓉　苏良智　吴晨曦

易　琳　廖如超　宋旭琳　朱胜利　舒士平

仲惟姣　张陟超　冉志红　汤晓丽　欧宇航

曹世鹏　陈　杰　罗　伟　黄鹏量　王海滨

陈方平　王春明　胡明辉　丁子凡

本书参与单位

组编单位　国网江苏省电力有限公司泰州供电分公司

主编单位　国网江苏省电力有限公司泰州供电分公司

支持单位　（排名不分先后）

国网江苏省电力有限公司泰兴市供电分公司

国网浙江省电力有限公司杭州供电公司

国网浙江省电力有限公司超高压分公司

国网福建省电力有限公司电力科学研究院

哈尔滨工业大学

南方电网电力科技股份有限公司

广东电网有限责任公司机巡管理中心

贵州电网有限责任公司智能作业中心

众芯汉创（北京）科技有限公司

天津云圣智能科技有限责任公司

上海复亚智能技术发展有限公司

星逻人工智能技术(上海)有限公司

中航金城无人系统有限公司

中能国研（北京）电力科学研究院

前　　言

随着智能巡检技术不断发展，电力无人机巡检在电网运维工作中应用越来越广泛，无人机巡检已经成为电网设备运行和维护的重要手段。在这个领域中，无人机自动机场正以其高效率、低成本、自动化的优势，为电网设备的建设和运维提供了全新的解决方案。

本书将带领读者深入探讨电网设备无人机自动机场的建设与应用，从理论到实践，全面介绍这一领域的新进展和技术应用，深入挖掘无人机技术在电力行业中的价值，探讨其在电网设备巡检、故障排查、运维检修等方面的广泛应用。

本书共分为 8 章，第 1～4 章主要介绍电网设备无人机自动机场的国内外发展现状和行业应用情况，讲解无人机自动机场的类型和构成，深入解析无人机机场在电力行业中的优势和应用场景，通过实际案例分析，展示无人机技术在电网设备建设和运维中的实际应用效果，并阐述如何根据具体的应用场景选择合适的无人机机场、建设合理的自动机场、建立智能的管控模式。第 5～7 章主要介绍无人机自动机场巡检应用场景及策略、安全保障、资产管理与检测维护，通过具体的操作指导和规范指引，帮助读者更好地使用、管理和维护无人机机场。第 8 章展望新兴技术的可能性，无人机自动机场在未来的演进方向，以及对未来发展方向的深刻洞察，帮助读者更好地应对日益复杂的电力系统运行挑战。

本书在编写过程中，得到了国家电网有限公司、中国电力科学研究院有限公司、国网江苏省电力有限公司泰州分公司等单位领导和专家的大力支持。同时，也参考了一些业内专家和学者的著述，在此一并表示衷心的感谢。

无人机机场技术发展迅速，虽然本书经过认真编写、校订和审核，仍然难免有疏漏和不足之处，还需要不断地补充、修订和完善，恳请广大读者多提宝贵意见和建议。

编　者

2024 年 6 月

目　　录

第1章
国内外无人机机场概述

随着无人机技术的迅速发展，无人机机场逐渐成为全球航空领域的一个重要组成部分。无人机自动机场的组成通常包括机场舱体、升降平台、归中系统、自动充电系统、气象站、UPS和工业空调。它们的主要功能包括停放无人机、自主充电、自主巡检、一键起飞、精准降落、飞行条件监测、实时传输和飞行航线规划。在国内，政府高度重视无人机机场的建设和规范管理。目前，我国已经建成了众多无人机机场，涵盖了各类用途和规模的无人机操作需求。这些无人机机场广泛应用于农业植保、物流配送、应急救援等领域，有效推动了无人机产业的发展。同时，我国也制定了相关无人机机场标准和规范，包括机场布局、空域管制、飞行安全等方面，以确保无人机的安全运营。许多发达国家也在积极推进无人机机场的建设和管理。美国、加拿大、澳大利亚等国家已经建设了一些无人机机场，并将其纳入国家航空管理体系中。这些无人机机场提供了全天候、高效率的无人机操作环境，并采用了先进的空中交通管理系统，确保了无人机与有人飞行器的安全协同。国际上也出现了一些专门针对无人机的机场标准。例如，国际航空运输协会（IATA）制定了无人机机场设计和运营的指南，为各国无人机机场的建设提供了参考。此外，国际民航组织（ICAO）也在积极探索无人机机场的规范和管理，以推动全球无人机行业的发展。

1.1 国外发展现状

目前，全球各个国家正积极推动无人机自动机场的发展。美国、德国、以色列、加拿大、日本等国已研制了自动化的无人机机场，广泛应用于通信设施巡查、物流配送消防监测、应急搜救以及国防军事等用途。

1. 科学研究

早期无人机机场研究重点及设计难点是降落时的高精度定位问题。2011年，高兹丹克（Godzdanker）等人设计了一款无人机直升机降落平台，采用了一种可以自动倾斜的着陆垫，该着陆垫能够精确定位直升机并将其锁定到位，如图1-1所示。

2014年，日本千叶大学团队研制了一款无人机机场雏形，如图1-2所示。该无人机机场可为无人机更换电池和充电。

2019年，德国慕尼黑工业大学的帕拉福克斯（Palafox）等人研制了一种自主UGV-UAV系统，如图1-3所示。它将无人地面车辆（UGV）和无人机（UAV）应用结合，主要用于搜索和救援任务，经过测试应用，无人机能够从无人机地面车辆上方多次精准起飞和着陆。

图 1-1 带有自动倾斜着陆垫的无人机机场（ISLANDS 系统）

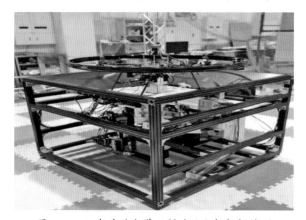

图 1-2 日本千叶大学研制的无人机机场雏形

图 1-3 UGV-UAV 移动机场解决方案

2. 物流运输

2016 年 5 月，全球著名的邮递和物流集团 DHL 在为"Packstation"（包裹站）或"Parcelcopter Skyport"（包裹直升机机场）包裹中心机场顶端设置起降平台，并在平台上方设置可自动打开和关闭的穹顶，如图 1-4 所示。当无人机飞近时，起降平台上方的穹顶自动打开，Parcelcopter（包裹直升机）无人机降落在平台，完成自动装卸货物的任务，装载完成后无人机飞往下一目的地，穹顶关闭。整个过程不需要人为干预，全程自动化运行。

图 1-4　"Packstation"（包裹站）

3. 能源设备巡检

2017 年，以色列 Airobotics 公司发布用于无人机飞行的全天候自主作业系统 Airobotics Teaser，如图 1-5 所示。该系统支持无人机通过视觉感知系统降落在机场上，并利用机场内部四自由度的机械臂对无人机进行电池更换，以便无人机持续工作。Airobotics Teaser 配套的无人机 Optimus 可实现自我部署和登录，内部装有可替换的电池，续航时间为 30min，载重可达 1kg。

图 1-5　Airobotics Teaser 无人机自主作业系统

2017 年 7 月，加拿大无人机初创公司 SkyX 为其全自动巡线产品 SkyOne 垂直起降固定翼无人机专门设计了一款 xStation 无人机充电站，如图 1-6 所示。该充电站采用坚固的全金属工程设计，使用外部电源或太阳能电池板供电，能够为执行长线巡检任务的 SkyOne 无人机就近充电，无需无人机返回基地。此外还可作为无人机收容机场，其顶盖采用翻盖式，无需特殊升降平台和设备，可在无飞行任务时保护无人机不受恶劣天气等因素影响。

图 1-6　xStation 无人机充电站

波兰公司 Dronehub 研制的无人机机场可应用于光伏、天然气等能源行业，如图 1-7 所示，配置的无人机巡航里程达 35km，具有多个可更换挂载（可见光/激光雷达/红外/其他定制挂载），有效载重量达 5kg。Dronehub 采用换电式，在无人机着陆后只需 2min 即可完成电池更换。

图 1-7　Dronehub 无人机机场

1.2　国内发展现状

近年来我国无人机产业发展迅速，国内无人机自动机场产品大致可以分为两类。第一类是适配大疆系列无人机的无人机自动机场。国内有若干无人机创业公司围绕大疆系列行业级无人机，结合业务场景定制化研制了不同的无人机自动机场。第二类是兼容主流无人机的无人机自动机场。少数科技企业研制的无人机自动机场能够适配不同厂商的无人机。

按照功能、种类进行分类，目前国内的无人机自动机场可大致分为应用于电网巡检、交通巡逻、物流运输等领域的无人机自动机场，具体介绍如下。

1. 电网巡检无人机自动机场

上海复亚智能科技有限公司的 MindCube 智方 A30 固定式无人机自动机场，如图 1-8 所示。它搭配 DJI M300 系列无人机，内部结构紧凑合理，占地面积小，便于部署屋顶、野外等固定区域。它内置 4 组电池循环，机械臂能在 2min 内快速更换电池，满足无人机高频次、连续性、常态化巡飞作业要求。采用"机载 AI 控制系统+无人机全自动机场+云端控制系统"解决方案，无人机自动机场按照输电沿线作业场景有序部署，依照平台预设的任务计划，无人机自主起飞，遵循基于高精度 3D 点云地图信息而规划的巡检航线开展巡检任务，任务完成后自动降落回收，全流程无需人工干预。

图 1-8　MindCube 智方 A30 固定式无人机自动机场

广州中科云图智能科技有限公司研制的智略-G503 固定式无人机自动机场如图 1-9 所

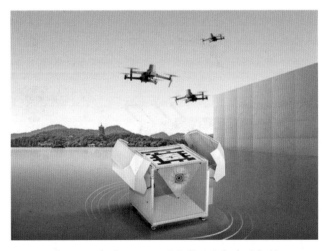

图 1-9　智略-G503 固定式无人机自动机场

示。它可以配备 3 台 DJIMavic2 系列无人机，支持一键调度 3 架无人机进行协同作业，使无人机巡检效率成倍提升。机场控制平台能够根据无人机位置、电量等信息及基站内部机械结构所处位置，综合测算最佳起降顺序及流程，保证无人机的起降效率及安全性。这类无人机可应用于变电站智能巡检。

广州市极臻智能科技有限公司针对电网行业巡检作业也推出了可适配主流垂直起降固定翼无人机的固定翼智能无人值守机场，如图 1-10 所示。它采用 AVG 小车辅助无人机起飞、降落和回收，具备电池自动更换和充电能力，能实现无人机的自主起降。

图 1-10　固定翼智能无人值守机场

云圣智能科技有限责任公司 2017 年在国内首次提出了全自动机场的产品理念，并先后发布了"虎系"和"圣系"全自主无人机巡检系统，广泛应用于输电、变电、配电、电建、安监和新能源场站场景，如图 1-11 所示。该巡检系统由全自动机场、工业无人机和四维全息管控平台构成，机场内置高精度装备和电气控制系统，可自动更换无人机电池及吊舱，还可在雨雪等极寒环境下作业。其中宝莲灯机场仅占地 0.25m²，虎鲸工业无人机续航达 66min，采用异形碳纤维曲面一体成型，能够抵抗强电磁干扰和七级风。系统具有 AI 边缘计算能力，

图 1-11　虎穴全自动机场和宝莲灯机场

支持 5G 和图传链路，基于视觉和 TOF 实现全向感知与 AI 自主避障，可不依赖 GPS 和北斗实现厘米级定位导航。通过管控平台实现多机远程监控，实现蛙跳、集群化、指点飞行等多种无人化、智能化巡检作业模式。

2. 交通巡逻无人机自动机场

星逻智能科技公司研制的 UltraHive Mk4 Pro 充换电一体机场如图 1–12 所示。它支持其持多型号无人机自动充电并兼容之前版本，机载套件通过快速充电接头与无人机接口连接，支持 DJI M300 RTK 自动充电与自动换电。星逻智能科技对城市管理中丰富的巡检场景进行 AI 训练定制，推出一套软硬件系统结合的全自动飞行方案，由无人机机场、天枢无人机自动驾驶系统、祺云远程操控系统、AI 智能数据处理平台等组成，无人机可自动更换可见光、红外、喊话器、微型 LED 显示屏等多种挂载，无人机在执行任务中发现异常时，可以通过远程喊话劝导、占道驱离等方式自主对情况进行处理。当遇到无人机难以自主处理的问题时，控制中心及时报警，附近警力可快速赶到事发地点解决问题。

图 1–12　UltraHive Mk4 Pro 充换电一体机场

3. 农业应用无人机自动机场

成都天麒科技有限公司（SKYLIN）设计研发的天麟 V04 是一款具有自主补给药水和进行电池更换的智能农业平台，如图 1–13 所示。该平台内部拥有配药箱、电池仓和机械臂等组件，能为降落的无人机自动更换电池并补充农药。

4. 物流运输无人机自动机场

京东在机场内部无人机可在起飞及降落平台之间自动流转，并在流转过程中完成自动

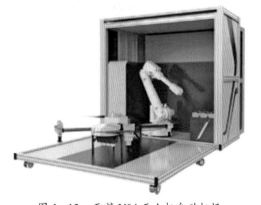

图 1–13　天麟 V04 无人机自动机场

充电、自动装载、位置校正等操作，如图 1-14 所示。该机场提供 1000W 全自动充电桩，无人机需 1h 完成充电；高精准度天窗起落技术能够让无人机自主起降在 2m×3m 的区域内，具备毫米级精度标准的无人机自主装卸货能力。整个过程虽然复杂，但仅需一名工作人员在后台系统运营与监督，即可控制多个机场与无人机。

图 1-14　京东智慧化无人机自动机场

一飞智控科技有限公司发布了智慧物流配送体系，包含"梧桐"无人机机场、"鸾凤"无人机和开发的物流云平台系统。该无人机机场可直接接入市电，实现无人机自动装卸、自动起降、自动正位、自动收纳等功能，并配备无人机自动充电装置，全程无需人工参与。其后在 2019 年又推出"驿桐"系列无人机机场，可满足巡检、物流等不同应用场景的需求，如图 1-15 所示。

(a)　　　　　　　　　　　　(b)

图 1-15　"驿桐"系列无人机机场
(a) 巡检自动机场；(b) 物流自动机场

5. 智慧城市无人机自动机场

云圣智能以全自主无人机巡检系统为载体，结合数字孪生、物联网、5G、人工智能等技术，构建天地一体化城市治理综合体，为城市民生、环境、公共安全、城市服务、工商业活动等各种需求做出高速及智能的响应，以提升城市管理质量及效率。发布的"圣 MAX"工业无人机与"战袍"自动机场系列产品开创性采用"一库双机"结构设计，如图 1-16 所示，它可以协同作业，使得效率倍增，还可以面向应急监控、消防救援、警务治安等场景提供多视角现场实时监控，并通过轮流作业提供不间断进行现场回传。

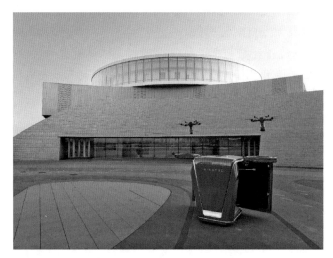

图1-16 "战袍"自动机场

综合来看，我国的许多厂商结合不同的行业场景，推出了各种类型的无人机自动机场。这些机场的一体化解决方案以人工智能为核心，并采用"无人值守＋全自动运营"的作业模式。它们具备许多功能，例如自主起飞、自动巡航、远程控制、精准降落、快速充电和数据回传等。这些机场能够实现无人值守、自主补能、远程监控、无人数据处理和全自主飞行作业。它们的安全性、可靠性和专业性能力都符合相关行业应用场景的要求。

1.3 无人机自动机场相关标准

目前，国内外暂无无人机全自动机场的标准和规范。在无人机全自动机场的设计、建设和使用过程中，需要遵循相关的法律法规，如《无人机空中交通管理暂行办法》《民用航空器空中交通管理规定》等。国际民航组织（ICAO）也正在积极探讨制定无人机机场的国际标准，其中也包括无人机全自动机场的国际标准。

国际民航组织（ICAO）是负责制定全球民用航空标准的国际性组织，它正在针对无人机自动化起降进行相关标准的制定和修订。例如，ICAO于2020年发布了《航空导航服务空中交通管理程序 第1卷：空中交通管理》的修订版，其中包括了关于空中交通管理系统（ATMS）与无人机通信、控制和监督的规定。

2019年，中国民用航空局（CAAC）发布了《民用航空航空器综合保障规范》（CCAR-51-R1），其中涵盖了关于无人机自动化起降的安全性、可靠性、环境适应性等要求。此外，国内一些航空公司和科技企业也在积极推进无人机自动化起降的研究工作，并逐步形成了一些相关标准和规范。

2024年初，国网福建省电力有限公司电力科学研究院联合协会共同组织编制了《电动多旋翼无人机机场通用接口技术规范》（征求意见稿），现公开征求意见。

2023 年 01 月 16 日，中国航空器拥有者及驾驶员协会发布团体标准《电动多旋翼无人机（轻小型）机巢通用要求》（T/AOPA 0003—2023），规定了民用电动多旋翼无人机机巢系统分类、通用要求、维保、标志、包装、运输，适用于空机质量不大于 15kg 且最大起飞质量小于或等于 25kg 的电动多旋翼无人机配套机巢。

2023 年 6 月 7 日，浙江省计量与标准化学会通过了团体标准《轨道交通巡检用低空无人机自动机巢选址规范》立项，重点开展不同轨道交通巡检对象下无人机自动机巢的布设方法、要素和系数研究，以确定适用于不同对象的规范、要求和解决方案。

此外，国内一些航空公司和科技企业在无人机自动化起降领域已经形成了一些标准与共识：

（1）通信标准：航空电子技术研究院（AETRI）制定了一系列无人机通信标准，包括数据链通信、频谱管理、通信协议等方面。这些标准旨在确保无人机与地面站、其他飞行器之间的有效通信和数据交换。

（2）安全性规范：中国民用航空局发布的《民用航空航空器综合保障规范》（CCAR–51–R1）中，包含了针对无人机自动化起降的安全性规范。该规范涵盖了无人机系统的设计、设备可靠性、飞行模式验证、故障处理等方面的要求，以确保无人机起降的安全运行。

（3）环境适应性标准：中国民用航空局发布的《无人机环境适应性评估指南》（CCAR–60–R1），定义了无人机起降对环境的适应性要求和评估方法。标准涵盖了气象条件、飞行空域、地理环境等方面的因素，以确保无人机在各种环境条件下都能够安全起降。

（4）飞行监控与导航：中国商用飞机有限责任公司（COMAC）制定了有关无人机飞行监控与导航的一系列技术标准。这些标准涵盖飞行计划管理、空中交通管理、航迹导引等方面，以确保无人机自动化起降时能够进行精确的飞行监控和路径规划。

（5）自动驾驶飞行系统：中国航空工业集团有限公司（AVIC）在自动驾驶飞行系统方面制定了一系列相关标准和规范。这些标准涵盖自主飞行控制、障碍物识别与避让、航迹规划等方面，以支持无人机的自动化起降操作。

1.4　无人机自动机场在电力行业的应用

在电力行业中，无人机自动机场及其配套的无人机可以代替传统的人工巡检，从而提高设备的运行效率和可靠性，同时实现快速、高效、准确的故障排查和维修。因此，无人机自动机场及其配套的无人机在电力行业的应用前景非常广阔。

2023 年 1 月工业和信息化部等十七部门印发《"机器人+"应用行动实施方案》，推广机器人在风电场、光伏电站、水电站、核电站、油气管网、枢纽变电站、重要换流站、主干电网、重要输电通道等能源基础设施场景应用，推进机器人与能源领域深度融合，助力构建现代能源体系。

无人机是电网生产领域数字化转型升级的重要工具，将实现机器巡视为主、人工检查性巡视为辅的巡视模式，巡视工作的重心由现场人工巡视转变为远程巡视和后台数据分析，无人机的应用将逐步从 220kV 以上电压等级，渗透到 10kV 配电网等中低压巡视领域，进一步扩大输配一体化巡检应用。同时，全面开展电网设备与环境高精度三维建模与数据融合技术、基于多模态感知的环境感知与高精度组合导航技术、缺陷图像智能识别技术等电网无人机巡检相关技术研究。

2021 年 9 月，国家电网有限公司无人机自主巡检规模化应用正式上线投入运行，应用遵循 PMS3.0 总体架构，调用电网资源业务中台共享服务，国家电网有限公司各基层班组可充分利用无人机规模化作业优势，通过可见光、红外等多种挂载的应用开展验收、巡视、检测、检修等业务，管理规范化、作业智能化、业务数字化水平显著提高。

2022 年 9 月，南方电网公司数字生产"十四五"行动计划明确提出"十四五"末，全网巡视、操作业务替代率不低于 60%，强化设备智能化覆盖将是电网企业提升数字化能力的必由之路。

电网巡检无人机已逐步在输电、变电、配电巡检领域大规模应用，处于快速应用推广阶段，呈现"一高六化"（高可靠、轻量化、模块化、网格化、集群化、智能化、共融化）技术发展方向。"机器代人"已经成为设备运维领域发展的必然趋势，成为构建现代能源体系的重要组成部分。

1.4.1　国外电力行业的应用情况

无人机机场的应用起步于西班牙。2018 年 9 月，西班牙 Endesa 公司与 Aerotools−UAV 合作，利用无人机机场完成了对西班牙能源供应系统的巡检。这项工作使用了多个无人机，完成了对电线、变电站、发电厂和其他设施的检查，减少了工作人员需要进行的危险性高、时间长的巡检工作。此后，不再局限于巡检能源供应系统，无人机机场在电力行业得到了广泛应用：

2019 年 10 月，英国国家电网公司（National Grid）与 Sky Futures 公司合作，利用无人机机场完成了对英国全国的天然气管道巡检。这些管道分布在各种地形复杂的区域，通过无人机机场的应用，检查效率得到了大幅提高，同时也降低了工人的工作风险。

2020 年 11 月，美国佛罗里达州佛罗里达电力公司与 Skyward 公司合作，利用无人机机场和 Skyward 的软件平台，实现了对电力线路进行安全巡检。这项巡检工作利用无人机在短时间内快速、高效地检查了电力线路的安全状况，同时降低了工人的工作风险。

1.4.2　国内电力行业的应用情况

近几年，无人机自动机场在电力企业内得到了较快发展：

2019 年 7 月，国网山东电力在德州市建设了首个无人机机场。该机场可以自动完成无人机的起降、充电等操作，有效提高了巡检效率和准确率，节约了人力成本。

2019 年 11 月，国网湖南电力利用无人机机场对 500kV 线路进行了巡检。无人机机场实现了对线路的自主飞行，可以对线路的各个细节进行精准监测，提高了巡检效率和准确率。

2020 年 3 月，国网新疆电力利用无人机对 220kV 变电站进行了巡检。实现了对设备的自动巡检，大大提高了巡检效率，同时减少了工作人员的作业风险。

2020 年 12 月，国网四川电力利用自动化机场无人机进行冬季巡检。无人机通过自主起降、一键起飞、巡航等功能，提高了巡检效率和准确率，缩短了巡检时间，减少了人员风险。

除此之外，无人机自动机场在电网领域的规模化应用也有了重点突破：

南方电网公司开展了以简易机场为主的全自主巡检应用探索，截至 2022 年年底已在广东全省 20 个供电局部署站点 1598 个，累计执行巡视作业 33 091 架次，站均巡视作业 20.71 架次，累计巡视里程 8661.16km，站均巡视里程 5.42km，累计拍照 1 024 062 张，站均拍照 640.84 张。简易机场主要面向有安保人员值守的各类变电站与供电所场区。它可以实现接收航线规划系统下发的航线信息，并上传至无人机，使其自动执行飞行任务、采集飞行参数以及回传巡视媒体数据（视频、照片）。此外，简易机场还具备除无人机自动收纳和充/换电管理、自动开启/关闭无人机电源之外的所有功能。换电、开启/关闭无人机电源操作由变电站、供电所安保人员值守完成，从而可极大降低自动机场设备投资。另外，简易机场内置 UPS 能够在断电的情况下保障应急飞行，确保无人机返航安全。而且，简易机场只需更换遥控器及固件就能适配不同机型，使得升级维护变得快捷方便。

对于无人机自动机场规模化应用，简易机场有如下优势：① 成本低廉：安装简便，价格实惠，规模化应用实施性强。② 迭代升级适应强：可快速兼容各类无人机产品及升级，可适配大疆、极侠、道通等主流无人机。③ 自主飞行：三维航线规划，只需值守人员简单操作即可自主飞行。④ 远程任务下发：通过网络指令远程操作和下发巡检任务，巡检数据回传至远程平台。⑤ 维护费用低：结构可靠性高，维护费用较低。

除了电力行业，无人机自动机场在其他行业也获得广泛关注：

2016 年 8 月，位于重庆市璧山区的中国无人机试验基地正式启动。建立该基地的目的是推动中国无人机产业的发展，提升无人机技术的创新能力，培育无人机产业生态系统，加强无人机与相关产业的融合发展。作为中国重庆市重点建设项目，该基地为重庆市构建国家级创新驱动发展战略的试验示范基地之一。

2019 年 8 月，位于广东省深圳市宝安区的深圳无人机机场正式建成并投入使用，这是全球首个专门为民用无人机设计的机场，它也是中国第一个针对民用无人机设计的机场。该机场提供无人机飞行许可、航拍等服务，也为民用和商业无人机包括特种无人机的开发和测试提供重要的支持。

2021 年，广州中海达卫星导航技术股份有限公司将无人机机场与北斗、大数据等技术相结合，实现电网全时空融合精准定位，解决电力现场作业安全管控问题，提升作业人员与设备安全保障水平。

2022 年 4 月，国网冀北电力公司在张家口冬奥赛区网格化部署"全自主固定平台"，通过无人机远程集群化、全自主作业和缺陷智能识别手段，实现了无人机自主巡检、规模化应用、打造了冬奥会保电的新模式、新模板。

2023 年，上海复亚智能技术发展有限公司开创了无人机自动飞行系统的分布式部署方案，节省了原本需要通勤去往现场的时间，大幅提升了日常巡逻巡检效率，使得巡逻干预随时可达，巡检数据触手可及。

总之，无人机自动机场在电力行业的应用呈现出广泛而多样化的趋势。无人机可以通过巡检与维护、故障排查与修复、安全监控与预警、数据采集与分析等方式，提高电网设备的运行效率和可靠性。它们能够快速准确地巡视和检查设备，并及时发现故障和缺陷，大大加快故障排查和修复的速度。此外，无人机的安全监控和数据采集功能也有助于提高电网的安全性和稳定性，为电力行业带来更高的效益和发展潜力。

第2章
无人机自动机场设备概述

无人机自动机场设备是指利用先进的技术和设备，实现对无人机在机场范围内的自动管理、监控和服务的一种智能化设备系统。该系统以提高机场运行效率、保障飞行安全、降低人工成本为目标，采用自动化、智能化的方式，有效应对日益增长的无人机运输需求。

无人机自动机场设备包括先进的空中交通管理系统，通过使用雷达、卫星定位等技术，实现对无人机的实时监控和管理。这些系统可以有效地规划无人机的航线，避免空中碰撞，并实现对无人机的精准控制和指挥。无人机自动机场设备还包括地面设备，如自动起降设备、充电设施等。这些设备能够实现对无人机的自动起降、停放和维护，大大提高了机场的运行效率，缩短了无人机的等待时间，同时也降低了人为操作的风险。此外，无人机自动机场设备还涵盖了智能化的配套服务设施，例如自动货物处理系统、智能客服机器人等。这些设施可以为无人机提供快速高效的货物装卸服务，同时也为飞行员和用户提供便捷的信息咨询和服务支持。

总的来说，无人机自动机场设备通过整合空中交通管理系统、地面设备和智能化服务设施，实现了对无人机在机场范围内的全面自动化管理和服务支持。基于复杂的应用环境，主流无人机自动机场种类多种多样，根据对应的任务需求，选择相应的无人机自动机场及其配套设备，不仅能够提升机场的运行效率和安全性，同时也为无人机的发展提供了可靠的基础设施支持，促进了无人机在航空领域的广泛应用和发展。

2.1 无人机自动机场类型

无人机自动机场可以根据不同的自动化程度、产品形态、无人机类型、无人机大小和充电方式来进行分类。根据自动化程度的不同，无人机自动机场可以分为全自动和半自动；根据产品形态的不同，可以分为固定式和移动式；根据无人机类型的不同，可以分为固定翼和多旋翼等。

为支撑基于无人机自动机场的无人化自主巡检试点应用，国家电网有限公司某供电公司于2022年在公司系统内首次开展省级电网公司无人机自动机场设备招标活动。在此次招标活动中，把无人机自动机场分为多旋翼无人机自动机场和固定翼无人机自动机场两大类，其中又把多旋翼无人机自动机场根据巡检覆盖半径、控制距离、巡航时间分为大、中、小三种类型，见表2-1。

表 2−1 无人机自动机场分类表

机场类型	资金来源	巡检覆盖最小半径/km	最大控制距离/km	续电方式	最短续航时间/min	作业场景及挂载	主要功能点
小型（驻塔）自动机场	私人和企业用户	2~3	5	快充	25	可见光精细化巡检	适配主流 2 种机型，可一场多机或一机多场（蛙跳）；可选配驻塔式蛙跳
中型自动机场	政府和专业机场投资运营公司	5	8	快充（标配）换电/充换电（选配）	40	可见光本体巡检/红外测温	适配主流的 M300 机型，本体巡检可实现5km半径覆盖，通道巡检可实现8km半径覆盖
大型自动机场（多旋翼）	政府	7~8	15	快充/换电	65	可见光/红外/激光通道/喊话（标配）	支持多同步作业、蛙跳、对飞等
垂直起降固定翼	私人和企业用户	30	60（无中继）	快充/换电	90	三轴双光光电吊舱	主要适用于通道快速巡检

　　固定式无人机机场是一种针对固定区域的无人机停放场所，由固定建筑物、升降平台和相关设施构成，通常被用于需要长期监测和巡视的区域。

　　固定式无人机机场可根据实际需求直接部署在相应的场所，提升响应效率，优化作业方式，将工作高频化、精细化、数据化。机场设有精确的升降平台和自动对准系统，可以实现无人机的精准对接、精准起飞和降落，各类固定式无人机自动机场设备如图 2−1 所示。

图 2−1 各类固定式无人机自动机场设备

固定式无人机机场有以下特点：

（1）稳定性：固定式无人机机场具有良好的稳定性，能够保证无人机在停放、起飞、降落时的平稳性，避免了在风大的情况下无人机的偏移或倾斜。

（2）精准性：固定式无人机机场通常设有精确的升降平台和自动对准系统，可以实现无人机的精准对接、精准降落和起飞。

（3）可定制性：固定式无人机机场的设计和建设可以根据不同需求进行定制，以适应不同领域的无人机应用需求。

（4）安全性：固定式无人机机场通常设有相应的安全措施，如防雷、防火等，能够有效保护无人机和设备安全。

（5）网格化管理：固定式无人机机场的设备可以与云平台等进行网格化管理，实现对机场内无人机的实时监测、控制和数据管理。

（6）移动式无人机机场是指可以随时搬迁到需要的地方，适用于应急作业、临时作业等场景的机场。在一些特殊的场合，例如荒野、郊外、高原等环境下，固定式无人机机场很难进行部署，而移动式无人机机场则能够很好地适应这些环境。与传统的固定式无人机机场相比，移动式无人机机场具有更强的灵活性和适应性。它通常由集装箱或拖车等组成，可以随时进行转移和运输，如图 2-2 所示。

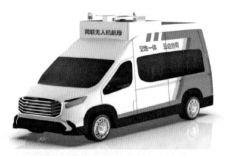

图 2-2　移动式无人机自动机场

移动式无人机机场的典型工作方式是由巡检人员事先设定巡检任务和飞行轨迹，然后无人机自动起飞，按照既定路线完成巡检工作后自动返回，并在机场中自主降落进行充电或由人工更换电池。在当前区域完成巡检后，机场会跟随巡检车辆前往下一个区域。移动式无人机场本质上是一个无人机的存储、运输和充电装置，同时还可以集成通信中继、数据处理和能源管理等功能，在一定程度上提高巡检工作的自动化程度，同时解决续航问题。

2.1.1 固定式无人机自动机场

1. 多旋翼无人机机场

多旋翼无人机机场是专门为多旋翼无人机设计的机场。与固定翼无人机不同，多旋翼无人机可以垂直起降，并且可以在较小的空间内进行悬停和转弯，具有更高的灵活性和机动性。

多旋翼无人机机场通常由停机坪、充电站和控制中心等组成。停机坪可以提供无人机的停放和起降。充电站通常提供电池更换或充电服务，以确保无人机有足够的电能进行任务。控制中心负责监测无人机的状态，包括飞行高度、速度、位置等信息，并指挥无人机进行相应的操作。

多旋翼无人机机场主要用于短程、低空的巡查和侦察任务，如杆塔本体巡检、变电站巡检等。

多旋翼无人机自动机场根据巡检覆盖半径、控制距离、巡航时间分为大、中、小三种类型。

（1）小型（驻塔）自动机场。

小型（驻塔）自动机场是一种基于无人机技术的机场，它通过快充方式进行续电，通常被用于低空航线的运营。相对于传统的机场，小型（驻塔）自动机场具有更小的占地面积、更灵活的布局和更低的设施成本等优点，其巡检覆盖最小半径为 2～3km，最大的控制距离为 5km，最短续航时间为 25min。

小型（驻塔）自动机场一般由多个自主起降的无人机组成，这些无人机通常在机场内自动起飞和降落，并使用预制路线或者实时遥控方式进行飞行。机场的管理和监控则由一套智能化系统完成。

通常情况下，小型（驻塔）自动机场主要服务于私人和企业用户，例如为高端旅游、紧急救援、现场勘查等场景提供航空运输服务。常见的作业场景为可见光精细化巡检。这种机场的发展前景广阔，适配主流几种机型，如御 3、御 2、道通 EV02 等，可一场多机或一机多场（蛙跳），可选配驻塔式蛙跳。随着技术的不断进步，它们有望在未来成为城市航空出行的重要组成部分。

（2）中型自动机场。

中型自动机场是一种介于小型和大型机场之间的机场，它通过快充（标配）/换电（选配）进行续电，通常具有比小型机场更高的运营能力和更高的航线密度，但相对于大型机场，其规模和设施较小。中型自动机场巡检覆盖最小半径为 5km，最大控制距离为 8km，最短续航时间为 45min。

中型自动机场常见的作业场景为可见光本体巡检/红外测温。中型自动机场的发展需要大量的资金和技术投入，因此通常由政府或专业的机场投资运营企业进行建设和运营管理。这种机场适配主流的 M300 机型，本体巡检可实现 5km 半径覆盖，通道巡检可实现 8km 半径覆盖。随着社会经济的发展和城市化进程的加速，中型自动机场将会成为城市航空交通体系的重要组成部分，对于促进地方经济发展和推动国家航空事业的发展都具有重要意义。

（3）大型自动机场。

无人机大型自动机场是指具备较高运力和航线密度的机场，支持多同步作业、蛙跳、对飞等。目前，无人机大型自动机场多数使用传统的固定翼飞机进行运营，而多旋翼无人机在大型机场中的应用较为有限。目前应用在大型自动机场的多旋翼无人机巡检覆盖最小半径为7～8km，最大的控制距离为15km，最短续航时间为65min。其通过快充/换电方式进行续电。常见的作业场景为可见光/红外/激光通道/喊话（标配）。

在未来，随着多旋翼无人机技术的进步和航空规模的扩大，大型自动机场可能会考虑引入多旋翼无人机用于特定的任务和场景。例如它们可以用于机场巡检和安全监控，提高机场运行的效率和安全性。

需要注意的是，引入多旋翼无人机到无人机大型自动机场中需要考虑飞行安全、空中交通管理以及与传统飞机的协调等问题，这需要相关部门进行细致的规划和技术研发，确保多旋翼无人机与现有航空环境的无缝衔接。

2. 固定翼无人机机场

固定翼无人机机场是一种特定类型的无人机机场，其设计用于支持固定翼无人机的起降和充电操作。固定翼无人机机场一般设计成模块化的结构，以便根据具体应用场景的需要对机场进行扩展和定制。相较于多旋翼无人机，固定翼无人机具有更长的续航能力和更广阔的操作范围，因此在一些大规模、长时间的无人机应用场景中得到广泛应用，例如灾后输电通道大范围快速巡视。

固定翼无人机机场一般由一个或多个起降平台、一个或多个充电设备、无人机控制中心以及相关的设施和设备组成。起降平台一般为一块平整的草地或者硬质材质地面，以便固定翼无人机能够安全地起降。充电设备则通常包括一组或多组无人机电池、电池管理系统、充电器和其他相关设备，用于无人机在飞行过程中充电。无人机控制中心一般配备有一系列设备，如雷达、气象站、通信系统和导航设备，以便操作员能够实时监测和控制无人机的运行状态。

随着固定翼无人机自动机场的发展，目前常见的固定翼无人机自动机场可以分为传统固定翼无人机自动机场和垂直起降固定翼无人机自动机场。

（1）传统的固定翼无人机自动机场。

传统的固定翼无人机自动机场是指起降固定翼无人机设计的机场，通常设计为具备长跑道和滑行道的设施，用于支持无人机的起降、停放、维护和操作。这种机场通常配备了地面控制站、导航设备、通信设备、气象监测设备等，以确保无人机的安全运行。此外，固定翼无人机机场还需要考虑飞行器的续航能力和飞行高度，以便规划航线、飞行区域和飞行高度，同时确保与民航飞行的安全分隔距离。固定翼无人机机场的设计也需要考虑周边环境，例如飞行器的风险区域和应急救援能力，以提供必要的安全保障。

传统的固定翼无人机通常具有较大的巡检覆盖范围，其最小半径取决于飞行高度和任务需求，一般可以覆盖数十到数百千米的范围。最大的控制距离通常受限于通信技术和法规要求，一般可以达到几十到数百千米。最短续航时间根据不同型号的无人机而异，通常在几小时到十几小时之间。常见的作业场景包括但不限于边境巡逻、森林防火监测、农田勘测、资源勘查、环境监测、地质勘探、管道巡检、电力线路巡检等。这些场景通常需要长时间的空中巡视和大范围的区域覆盖，固定翼无人机能够提供高效、经济的解决方案。

（2）垂直起降的固定翼无人机自动机场。

垂直起降固定翼无人机自动机场是指专门为垂直起降固定翼无人机设计的机场。为了适应垂直起降固定翼无人机的应用需求，其自动机场设计通常要满足以下需求：① 升降设施：机场需要设计适合垂直起降固定翼无人机的起降区域，例如带有垂直起降平台或者弹射装置。这些设施应能支持无人机的垂直起降、着陆、起飞和停放等操作。② 导航和通信系统：机场需要配备适当的导航和通信系统，以确保无人机在起降过程中能够准确导航和与地面控制中心进行通信。③ 无人机管理系统：机场应配备无人机管理系统，用于监测、控制和管理无人机的运行。系统应包括飞行计划、航迹监测、交通管制和飞行数据记录等功能。

垂直起降固定翼无人机巡检覆盖最小半径为 30km，最大的控制距离为 60km（无中继），最短续航时间为 90min。其通过快充/换电方式进行续电。这类机场主要用于支持垂直起降固定翼无人机的运营和相关任务。常见的作业场景及挂载为三轴双光光电吊舱。

垂直起降固定翼无人机是一种具备固定翼飞行器的长航程和高速特点，同时又具备垂直起降和悬停能力的无人机，主要适用于通道快速巡检。它通常通过与传统固定翼飞机不同的设计和技术实现垂直起降，例如使用倾转旋翼或垂直升降发动机等。

垂直起降固定翼无人机自动机场的建设和运营需要综合考虑安全、环境、法规和空中交通管理等因素。相关部门需要进行充分的规划、设计和监管，确保机场的安全性、可靠性和有效性。此外，与传统固定翼无人机不同，垂直起降固定翼无人机自动机场的飞行操作和管理也需要特别注意。

2.1.2　移动式无人机自动机场

移动式无人机机场是指可以随时搬迁到需要的地方，适用于应急作业、临时作业等场景的机场，其关键特点之一是高度的智能化和自动化程度。这意味着机场系统可以通过先进的人工智能技术和自主控制系统来实现自主的运行和管理，包括自动识别适合起降的位置、自主规划起降路径、调度充电和维修任务等。这种智能化的特点使得移动式无人机机场能够在不需要人工干预的情况下，完成大部分运营任务，提高了运营效率和可靠性。

此外，移动式无人机机场还具备高度的模块化和可定制化特点。该机场系统通常由多个关键组件组成，包括无人机起降平台、充电设施、维修及检查设备、通信与控制系统等。这些组件可根据需要进行灵活配置和布局。它的各个组件和功能模块都可以根据具体需求进行灵活组合和配置，以满足不同任务需求和环境条件。例如，针对不同型号的无人机，机场可以配置不同规格的起降平台和充电设施；针对不同任务需求，可以加装特定的传感器设备或物资运输装置等。这种灵活的模块化设计使得移动式无人机机场具有更广泛的应用潜力，可以适用于多种复杂和多变的任务场景。在一些特殊的场合，例如荒野、郊外、高原等环境下，固定式无人机机场很难进行部署，而移动式无人机机场则能够更好地适应这些环境。与传统的固定式无人机机场相比，移动式无人机机场具有更强的灵活性和适应性。它们通常由集装箱或拖车等组成，可以随时进行转移和运输。

移动式无人机自动机场具有多种应用场景。首先，它可以用于应对自然灾害和紧急救援，通过无人机的空中监测和物资运输，提供及时有效的援助和救助。此外，移动式无人机自动机场还可用于科学研究、资源勘探、环境监测等领域，支持无人机的长时间运行和数据采集。

移动式无人机场的典型工作方式是由巡检人员事先设定巡检任务和飞行轨迹，然后控制无人机自动起飞，按照既定路线完成巡检工作，最后自动返回，并在机场中自主降落进行充电或由人工更换电池。在当前区域完成巡检后，机场会跟随巡检车辆前往下一个区域。移动式无人机场本质上是一个无人机的存储、运输和充电装置，同时，它还可以集成通信中继、数据处理和能源管理等功能，从而在一定程度上提高了巡检工作的自动化程度，并缓解续航问题。

2.2　无人机自动机场构成

无人机自动机场是一种基于先进技术的智能化设施，它能够实现无人机的自主起降、巡航和充电等功能。通过关键组成部分相互协作，使得无人机可以实现高效、安全和自主运行。无人机自动机场可以广泛应用于无人机物流、农业植保、公共安全、环境监测等领域，具有重要的社会和经济意义。同时，无人机自动机场也是未来城市空中交通的重要组成部分，将推动城市空间的优化和升级，打造智慧城市。

2.2.1　常用自动机场组成及功能

无人机自动机场系统组成通常由无人机自动机场、高性能无人机、无人机挂载与机载控制器（内置飞行算法）和配套的管控平台等组成。

1. 自动机场组成

（1）自动机场本体。

自动机场：无人机自动机场是实现无人机全自动作业的地面基础设施，是实现无人机自动起降、存放、自动换电/充电、远程通信、数据存储、智能分析等功能的重要组成部分。依托于自动机场的全自动化功能，无人机可以在无人干预的情况下自行起飞和降落、充电/换电，有效替代人工现场操作无人机，提升无人机作业的自主性、提高作业效率，彻底实现无人机的全自动作业。无人机自动机场需要具备在严苛环境下的适应能力，坚固耐用、可靠性高、运行稳定、集成自动换电/充电、电池管理、控温除湿、不间断供电、远程通信、气象感知、灯光辅助等功能。

自动机场一般由机场开门机构、自动升降系统、自动充电系统、自动换电系统、精准降落系统、远程通信系统、不间断电源系统、环境感知系统、机场温控系统、机场控制系统、整机防护系统等组成，具体结构如图 2-3 所示。

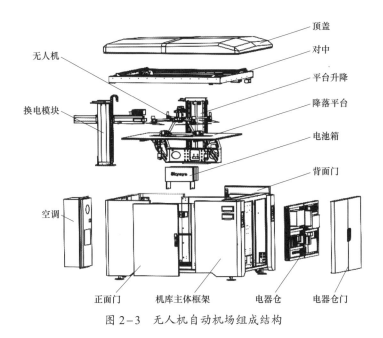

图 2-3　无人机自动机场组成结构

1）自动开门机构。自动机场一般具备顶/侧门开合装置，开合装置打开方式包括平移式、开舱式、抽屉式、侧开式等多种形式，如图 2-4 和图 2-5 所示。

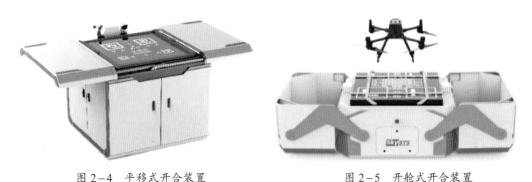

图 2-4　平移式开合装置　　　　　　图 2-5　开舱式开合装置

2）自动升降系统。自动升降系统一般采用坚固可靠、升降稳定的起降平台，实现无人机的自动放飞、回收和存放操作，具体结构如图 2-6 所示。

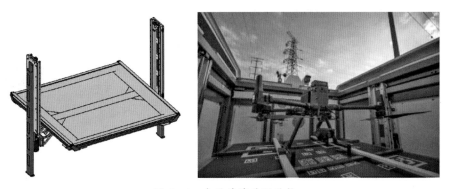

图 2-6　自动升降系统结构

3）自动充电系统。自动充电系统一般通过对无人机电池进行适当改造，将充电片设置在机腿上，当无人机自动降落后，通过设置在归中杆上的充电探针与机腿上的充电片接触充电，具体结构如图 2-7 所示。

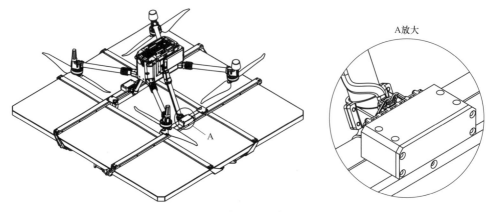

图 2-7　自动充电系统结构

4）自动换电系统。一般通过智能多轴机械臂精准抓取无人机电池，安装至无人机或电池座中；电池座可支持存储多组无人机电池，并可对电池状态进行识别，自动充电，具体结构如图 2-8 所示。

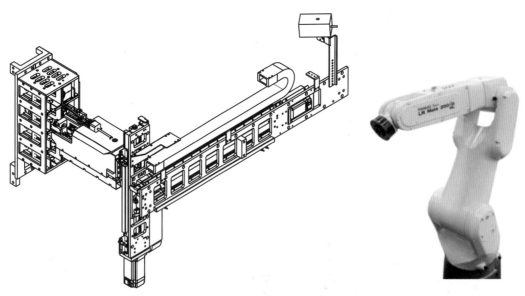

图 2-8　自动换电系统结构

5）精准降落系统。自动机场降落一般采用视觉/RTK 融合技术，采用精准降落算法，如图 2-9 所示，系统可设置紧急降落点，可在特殊情况下进行应急降落。机场配置夜间降落灯，即使在夜间，也能安全降落；配合智能灯光，LED 灯光设计，醒目美观，多种灯光效果，作业状态实时提醒。

6）远程通信系统。实现与无人机、地面站、控制中心的远程通信，满足远程指挥中心实时通信、监控和调度的要求；机场可集成 4G/5G 无线通信模块，在无宽带/光纤条件下部署。无人机可加装机载 4G/5G 模块，实现无人机遥测距离外实时控制和数据传输，也可以选配分布式部署通信站，以适应高楼、山地、丛林等严重遮挡环境。

7）不间断电源系统。自动机场可配置 UPS 不间断电源，如图 2-10 所示，在如市电中断、浪涌、欠电压、过电压等异常供电情况下，提供应急电力续航能力和防雷保护，保障系统安全运行。

图 2-9　精准降落示意图

8）机场温控系统。自动机场内部环境控制可采用高性能工业空调、PTC 暖风机或半导体制冷器等控温设备，如图 2-11 所示，保持温度控制在 10~30℃以内，相对湿度控制在 90%以内。

图 2-10　UPS 不间断电源

图 2-11　工业制冷空调

9）环境感知系统。根据机场所配置的气象传感器，可对环境温湿度、风速风向、雨雪感知、降雨量、气压、光照等多种气象条件进行实时监测，及时预警应对恶劣天气。机场内部可配置多种传感器，用于对机场内部烟雾、水浸、机场开关门、机场震动、灭火触发等机场内部状态进行监测。一体式气象仪如图 2-12 所示。

机场内外一般会配置监控摄像头，保障无人机作业环境安全。图 2-13 所示为监控设备示意图。

图 2-12　一体式气象仪

图 2-13　监控设备

10）机场控制系统。控制系统包括执行机构和大功率设备的控制开关与空气开关，设备柜包括升降平台、机场顶盖、归中装置的控制，以及总电源、空调、电池充电器、UPS 电源、伺服电机、内部插座等，如图 2-14 所示。自动机场数据通信、处理、存储相关的模块和电池充电设备主要包括工控机、交换机、信号控制器、信号转换器、录像机以及智能电池充电器等。

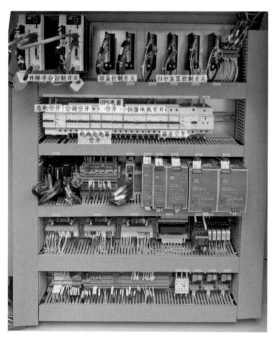

图 2-14　设备柜

11）整机防护系统。自动机场需要具备高度可靠的复杂环境适应能力。为此，需要采用耐高温、抗严寒、防水、防潮、防雷、防尘、防锈、防腐蚀等系列工艺；采用双层机体防护，内外加强结构，抵抗冲击和震动；内置大功率空调系统除湿、排风装置，维持机场内部温度和湿度，保障电气设备正常运行；内部防雨设计，保障雨天作业时电气设备不受雨水侵袭。

满足用户在各种户外环境下的作业部署，如图 2-15 所示。

图 2-15　自动机场

12）独立通信站。自动机场可配置独立式通信站，如图 2-16 所示。通信站可与机场分开布置于高处，如机场部署于地面，通信站和气象站部署于高层楼顶，有助于无人机信号无遮挡，适应高楼、山地、丛林等遮挡严重环境。

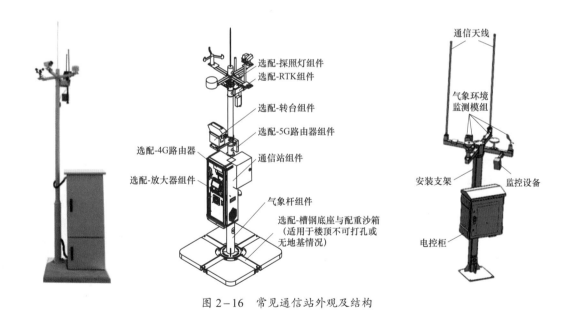

图 2-16　常见通信站外观及结构

独立通信站通常安装有无人机遥控器、安卓控制器、温控系统、气象设备等设备，可集成无线通信设备、信号放大器、无人机跟踪转台、高精度气象传感器等多种功能部件。

无人机遥控器固定于通信站内，由自动开关机装置进行开关机操作。安卓控制器基于DJIMobileSDK 进行开发，实现对无人机进行控制和数据交互。通信站可集成 4G/5G 无线通信设备，在无宽带/光纤条件下实现远程通信。通信站配置有工业空调，将内部温度控制在5℃～40℃。

（2）高性能无人机。

不同规格的无人机自动机场可搭载小型多旋翼无人机、中型多旋翼无人机、大型多旋翼无人机和垂直起降固定翼无人机等不同类型的无人机，各类高性能无人机如图2-17所示。

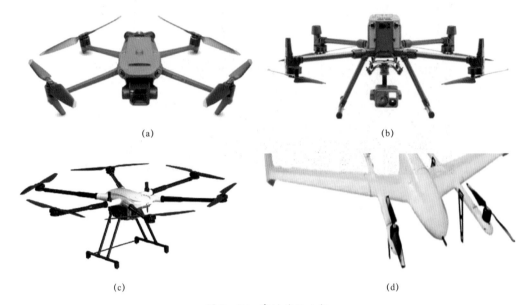

(a)　　　　　　　　　　(b)

(c)　　　　　　　　　　(d)

图2-17　高性能无人机

(a) 小型多旋翼无人机；(b) 中型多旋翼无人机；(c) 大型多旋翼无人机；(d) 垂直起降固定翼无人机

（3）无人机挂载与机载装备。

无人机挂载：强大的挂载能力可以大大提升无人机作业价值，丰富的挂载可以满足不同业务的需求，常见的挂载有高倍率变焦相机、热成像相机、激光雷达、喊话器、探照灯、爆闪灯等，以及专业领域的气体探测仪、甲烷探测仪等各种探测设备。

各类不同的无人机可挂载各种专业设备，实现多种作业任务需求，如快速进行三维地图测绘、大范围巡检、本体巡检等电力巡检任务，部分机载设备如图2-18所示。

机载控制器：无人机具备智能控制器，如图2-19所示，其集成无线传输能力，可以实现超视距的飞行和远程控制，扩大无人机自主作业和远程监控的覆盖范围。机载控制器配置高算力模块，实时进行AI分析，实现目标识别、目标跟踪、行为分析、超限告警等等功能。

（4）管控平台。

随着无人机应用的普及，以及各领域管理能力的提升，无人机管控平台智能化水平逐步提升，并深入到各个行业领域，为各个业务系统提供大量低空数据，促进各个领域业务能力和业务质量的大幅提升。

图 2-18　无人机机载装备

图 2-19　无人机智能控制器

　　管控平台一般可以实现无人机航线创建、任务管理、实时显示、远程遥控、飞行记录、数据管理、设备台账管理、组织管理等功能。

　　1）飞行任务管理。可任意规划不同任务类型和飞行方式。支持串行任务与并行任务两种执行模式，一次任务即可完成整个作业，无需创建多个飞行计划。

　　2）无人机远程管控。支持无人机远程遥控，提供了丰富的高级飞行指令，包括指点飞行、目标跟踪、自动喊话、环绕飞行等，充分实现无人机智能化飞行。

　　3）成果管理。为无人机飞行和作业数据提供了强大的成果管理能力，包括无人机飞行记录、照片视频数据、智能识别、统计分析、作业报告生成等，实现无人机时空数据的高效管理和智能化应用。

　　4）图层管理。该系统支持二维影像和三维模型导入和加载、多图层数据呈现、兴趣点直观灵活展现、在地图上点线面体测量、手动添加标注点等功能。

　　5）数据展示。提供 2D/3D 地图与多类型统计报表的展示，包括辖区所有机场和无人机的位置、状态信息。针对不同应用场景，如电网、交通、水利等，可以根据行业需求进行地理信息和作业数据的呈现，帮助管理人员实时掌控全局作业状态。

　　6）智能分析。集成行业识别算法，同时支持第三方算法库的接入。平台支持实时分析、实时告警、实时拼图等功能，满足多场景智能分析需求。

7）平台特点：管控平台一般有本地或者云端两种部署方式，用户可随时登录并控制设备。平台可针对不同应用场景制定巡飞任务，针对不同业务场景采用不同飞行方式和采集方式，用户通过远程控制系统下达任务，指挥无人机自动机场和无人机作业，并获取实时数据，站端平台特点如图 2-20 所示。

图 2-20　站端平台特点

8）功能架构。

站端平台功能架构如图 2-21 所示。

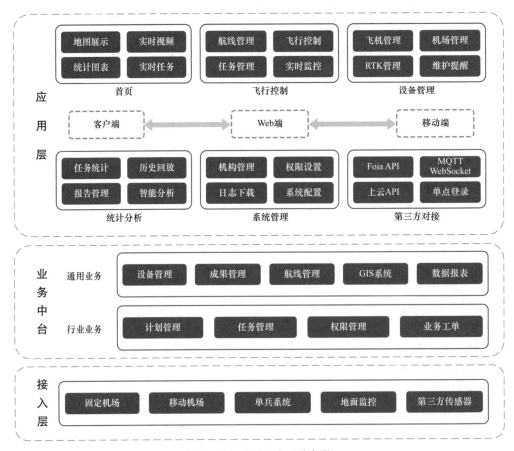

图 2-21　站端平台功能架构

9）系统架构。

站端平台系统架构如图2-22所示。

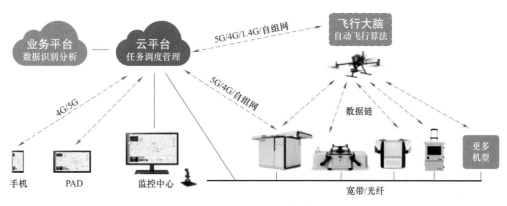

图2-22　站端平台系统架构

2. 无人机自动机场功能

无人机自动机场一般部署在户外无人机作业区域附近，内部存放专业适配的无人机，包括小型多旋翼无人机、中型多旋翼无人机、大型多旋翼无人机和垂直起降固定翼无人机等。这样的设计可以减少人工现场作业，为不同规格的无人机提供合适的存放和启动条件。当进行飞行作业时，无人机可自主从机场起飞，返回时无人机也能自动降落于无人机自动机场内。操作人员可以远程实时监控和指挥作业过程，而机场则自动对无人机进行充电/换电，为下一次作业做好准备。AI识别和数据处理功能方便无人机在机场内进行数据传输。此外，无人机自动机场还具备远程一键启动功能，可自动打开舱门，实现全自主巡检、巡逻作业和拍摄作业，无需人员抵达现场。在飞行过程中，远程指挥中心可以实时显示无人机巡检画面，并实时控制无人机飞行。最后，无人机完成作业后，机场还能自动回收无人机并对其电池进行充电。

（1）航线指挥。

无人机智能机场在接收到中心端系统发送的任务指令后，指挥无人机按照航线飞行。

（2）数据传输。

无人机完成飞行后，无人机智能机场自动读取无人机采集到的各类数据并上传至中心端系统进行数据分析处理。

（3）无人机存放。

无人机智能机场通过机场框架组件、箱体降温系统的设计，为无人机创造全天候恒温、恒湿的存放空间。

（4）配合无人机起落。

当无人机需要出库及已经出库的时候，升降平台处于上升状态、自动门处于打开状态，无人机出库后机场门自动关闭。当无人机入库时，机场门自动开启，升降平台处于上升状态。当无人机处于库内及准备更换电池时，升降平台处于下降状态。

（5）无人机电池充电。无人机智能机场内置电池充电系统，能够同时对无人机配备的冗余电池组进行充电。

（6）更换电池组件。无人机智能机场内置更换电池组件系统，能够对回巢后的无人机进行快速换电操作，换电间隔仅需 3min。

由机场、射频气象地面站等固定设备和配套软件组成的无人机自动机场主要完成以下功能：收纳、释放、遥控、导航、充电、数据传输和转储。

单个机场负责监测所在区域的气象状况，并判断适飞条件。通过射频地面站或 4G/5G 移动网络与其服务范围内的无人机进行联络通信，实现远程控制和操作无人机，同时获取飞行状态、图像、视频等载荷数据。多个用户管辖的机场与云端服务器构成无人机机场网络，通过管理平台汇总机场、气象、飞行、载荷、任务等数据，用于智能调度和管理机场和无人机，自主、动态调整飞行时间和任务窗口，并接受用户的远程指令和实时监控。

根据气象条件和识别到的无人机种类及型号，机场管理系统能自动控制引导无人机移动到适合其起降并且最接近其飞行任务路线的空闲机场。接受任务的机场会自动打开并等待无人机降落。无人机在接近目标机场后，根据卫星定位数据和机场的视觉特征、标识，主动寻找并定位机场，并按接收到的指令准确降落到机场升降平台的中心区域。

机场在确认无人机降落到平台的有效位置后，迅速捕获无人机，并识别/修正其姿态，然后收纳入封闭机场，为无人机提供适宜、受控的环境，包括定义的最佳温度、湿度、气流量，以及无沙尘、雨雪和冰雹危害，同时保障其物理安全，防止盗窃或人为、动物的损害和破坏。根据无人机的电池电量状态、飞行任务的时效要求和最大化电池循环使用寿命的原则，机场使用优化算法为无人机提供稳定、安全、定制的换电/充电功能。此外，无人机还可以通过选配的无线数据传输附件并行上传其飞行任务期间存储的应用载荷数据（如图像、视频等）至机场，实时清空内部存储空间。机场在通信网络空闲时将载荷数据逐步转储到云端。

完成换电/充电及数据转存后，机场根据任务要求再次自动开启、释放无人机，并控制其执行下一次任务。对于没有飞行任务的无人机，机场通过对无人机电池健康状态及历史飞行、充电数据的诊断和分析，自动进行电芯单元的平衡修复，校准电池的剩余容量数据，以使无人机在最佳状态中准备接受机场管理系统安排的任务。

3. 各厂家无人机产品的功能及参数

（1）大疆无人机。

Phantom 4 Pro 是大疆创新最经典的无人机之一，其功能和参数提供了出色的飞行稳定性、高品质的拍摄能力、多种有用的飞行模式、安全的避障能力以及相对较长的飞行时间。

1）飞行稳定性。Phantom 4 Pro 使用了区别于传统飞行控制系统的 FlightAutonomy 系统，它集成了具备前视和后视传感器的视觉导航系统，并配备了 GPS/GLONASS 双星定位系统，以确保飞行的稳定性和精确性。它还具有惯性测量单元（IMU）和陀螺仪，可以感测飞行器的运动状态。

2）摄像能力：Phantom 4 Pro 搭载了一台具备 2000 万像素的 1 英寸 CMOS 传感器相机，该相机拥有机械快门，可拍摄 4K 分辨率的视频和 2000 万像素的照片。它支持 DNG（无损压缩格式）和 JPEG 图像格式，同时支持绘线、连拍和无人机追踪等功能。

3）飞行模式：Phantom 4 Pro 提供了多种飞行模式，包括 GPS 导航模式、视觉导航模式、智能跟随模式、手势控制模式等。GPS 导航模式使用 GPS/GLONASS 定位系统，提供稳定的定位和悬停能力；视觉导航模式则依靠前视和后视传感器，可实现在室内或无 GPS 信号环境下的飞行。智能跟随模式允许无人机自动跟随目标物体进行飞行，手势控制模式则允许用户用手势指令对无人机进行控制。

4）避障功能：Phantom 4 Pro 装备了前后两个传感器和多个红外避障传感器，能够实现在飞行过程中的全方位避障。这极大地增强了无人机的安全性，使其可以在遇到障碍物时自动避开，避免碰撞。

5）飞行时间：Phantom 4 Pro 的高容量电池可以提供约 30min 的飞行时间，这一参数在同类无人机中处于领先地位。同时它还支持快速充电功能，以迅速充满电池并延长飞行时间。

6）控制方式：Phantom 4 Pro 可以使用专门设计的遥控器来操控，遥控器具有舒适的手感和可调节的支架，使操作更加方便和精确。此外，还可以使用手机 App 来连接无人机，并通过手机屏幕上的虚拟摇杆和按钮来进行飞行控制。

除此之外，目前大疆航拍无人机的旗舰是 DJI Mavic 3 Pro，它不仅继承了 Mavic 系列一贯轻巧、便携性和高性能的特点之外，还升级了无数功能，极大地提升了用户的使用体验和拍摄效果。

1）飞行稳定性。DJI Mavic 3 Pro 使用高级辅助飞行系统(Advanced Pilot Assistance Systems，APAS)。当用户往任意方向打杆飞行时，飞行器将根据用户的操作和周围环境规划绕行轨迹，从而使提升飞行稳定性，获得更流畅的飞行体验和流畅的拍摄画面。

2）摄像能力。DJI Mavic 3 Pro 配备 4/3 CMOS 哈苏相机，支持拍摄 12-bit RAW 格式照片,原生动态范围高达 12.8 级。另配备 1/1.3 英寸中长焦相机和 1/2in 长焦相机，可拍摄 3 倍和 7 倍光学变焦 4K 60fps 视频。新增 10-bit D-Log M 色彩模式，带来方便快捷的后期调色体验。

3）避障功能。DJI Mavic 3 Pro 配备水平全向、上视、下视视觉系统和底部红外传感系统，能在室内外稳定悬停、飞行，具备自动返航及全向障碍物感知功能。

4）飞行模式。DJI Mavic 3 Pro 提供多种飞行模式。Positioning Mode（定位模式）：这是最基本的飞行模式，无人机使用 GPS 和视觉系统来定位，并保持位置稳定。Tripod Mode（三脚架模式）：该模式下，飞行速度减缓，灵敏度降低，适合需要更加精细操控和精准拍摄的场景。Waypoint Mode（航点模式）：用户可以预先设定飞行路径和关键点，无人机将按照设定的路径自动飞行，同时可进行拍摄任务。Follow Me Mode（跟随模式）：无人机会跟随遥控器或者移动设备，拍摄移动的目标。

5）飞行时间。DJI Mavic 3Pro 智能飞行电池是一款容量为 5000mA·h、额定电压为 15.4V、带有充放电管理功能的电池。该款电池采用高能电芯，并使用先进的电池管理系统，因此其最大飞行时间可达 46min。

6）控制方式：DJI Mavic 3Pro 配备了专门的遥控器，用户可以通过遥控器上的摇杆、按钮和触控屏来进行飞行控制和拍摄操作。遥控器通常具有较长的控制距离，可以提供稳定可靠的操控体验。此外，用户可以使用配套的移动设备连接到 Mavic 3 Pro 的遥控器，通过安装的 App 来实现飞行控制、拍摄设置和实时图传等功能。

（2）其他厂商的无人机。

Typhoon H Pro 是昊翔（Yuneec）公司最经典的无人机款式之一，它是一款功能丰富、性能强大的无人机。它具备卓越的飞行稳定性和控制能力，出色的摄影能力，智能避障功能以及多种飞行模式。

1）飞行稳定性。Typhoon H Pro 采用六个旋翼设计，以提供卓越的稳定性和控制能力。它还配备了智能飞行控制系统，可以通过自动校准和传感器数据来调整飞行姿态，以实现更稳定的飞行和悬停。

2）摄像能力。Typhoon H Pro 配备了一台 CGO3＋相机，该相机具有 1200 万像素的传感器，可拍摄高质量的照片和视频。它支持 4K 视频分辨率和 1600 万像素照片拍摄，并且还支持 RAW 格式照片捕捉，以提供更大的后期处理灵活性和更高的图像质量。

3）避障功能。Typhoon H Pro 配备了前方和后方的多种传感器，包括超声波传感器和光学流传感器，可以实现智能障碍物检测和避障功能。传感器可以感知前方和后方的障碍物，并及时调整飞行路径，避免与物体碰撞。

4）飞行模式。Typhoon H Pro 提供多种飞行模式，以满足不同飞行需求，其中包括 GPS 导航模式，可以利用 GPS/GLONASS 定位系统实现精确的定位和飞行，还有追踪模式，它允许无人机自动跟随和拍摄被指定的目标物体。另外，还有环绕模式，可以实现围绕目标点的飞行，以及指点飞行模式，用户可以在屏幕上划定路径，无人机将按照指定的路径飞行。

5）遥控器与屏幕。Typhoon H Pro 附带一台遥控器，具有直观的操作界面和方便的控制按钮。遥控器上还内置了一个 5.5in 高清触摸屏，用户可以实时观看无人机的飞行数据、摄像画面和系统设置。

6）飞行时间。Typhoon H Pro 配备了一块高能量密度的电池，可提供约 25min 的飞行时间。如果需要更长的航拍时间，可以选择额外购买备用电池。此外，电池还支持快速充电功能，以便在较短时间内快速恢复电量。

除此之外，派诺特无人机的发展也十分迅速。

Bebop 2 是派诺特（Parrot）公司最经典的无人机之一，它是一款功能丰富、性能稳定的经典无人机。它具有卓越的飞行稳定性和操控性能、出色的摄影能力、多种飞行模式以及与智能设备的连接选项。

1）飞行稳定性。Bebop 2 配备了 3 轴数字陀螺仪和加速度计，这些传感器可以实时监测无人机的姿态和动作，并通过自动调整来保持稳定的飞行。此外，其空气动力学设计也有助于减少风阻，提高飞行稳定性和操控性。

2）摄像能力。Bebop 2 搭载了一台 1400 万像素相机，具备录制 1080p 全高清视频和拍摄 4096×3072 像素照片的能力。这台相机还支持数字视频稳定和自动图像优化，确保摄影成果更加清晰、亮丽。

3）飞行模式。Bebop 2 提供多种飞行模式，以满足不同飞行需求。直线模式允许用户通过简单的控制指令进行直线飞行。环绕模式可以围绕目标点进行环绕飞行。追踪模式使无人机能够跟踪并自动拍摄指定的目标物体。跟随模式可以让无人机跟随遥控器或指定的智能设备移动。高级模式则提供更高级别的飞行和摄影功能，例如路点飞行、360°翻转等。

4）遥控器与屏幕。Bebop 2 配备了一个遥控器，可提供直观的操作界面和相应的控制按钮。遥控器上有可拆卸的智能设备座，用于连接智能手机或平板电脑。用户可以下载并使用 FreeFlight Pro 应用程序来实现实时图传和更多的飞行控制选项。

5）飞行时间。Bebop 2 配备了一块高能量密度的电池，可以提供约 25min 的飞行时间。如果需要延长飞行时间，用户可以购买额外的备用电池。

2.2.2　常用自动机场技术参数

1. 常用自动机场技术参数

（1）大型多旋翼无人机自动机场。

大型多旋翼无人机自动机场应由大型多旋翼无人机（1 架）、大型多旋翼无人机自动机场本体和大型多旋翼无人机挂载（1 个可见光吊舱、1 个高清红外吊舱、1 个激光雷达吊舱和 1 个喊话模块）组成，其中大型多旋翼无人机自动机场本体主要由机场箱体、供电模块、降落归中装置、无人机电池充电模块或换电模块、无人机动力电池组、温控模块、电气模块、通信模块、消防系统（宜）、气象感知装置、机场控制模块、统一授时系统等系统组成。

1）典型大型多旋翼自动机场技术参数（表 2-2）。

表 2-2　　　　　　　　　　　　典型大型多旋翼自动机场技术参数

序号	类别	参数	单位	规格	配置
1	机场本体	外观尺寸	m	≤2.8×2.2×2.0	必配
		自动机场质量	kg	≤2000	必配
		自动更换电池	s	具备自动更换无人机电池	必配
		自动更换吊舱	s	支持自动更换无人机吊舱	必配
		最多支持自动更换吊舱组数	—	标配 4 组，更多可选定制，标配吊舱包括可见光吊舱、高清红外吊舱、激光雷达及喊话模块；可扩展选配双光吊舱、全画幅吊舱、照明等模块	选配
		机场视频存储时长	天	15 天	选配
		输入电压	V	220	必配
		实时监控系统		支持（内外监控）	必配
		内部自动恒温调节	—	温度控制范围 10～30℃	必配
		小型气象系统	—	（1）机场内外温度、湿度监测与实时显示。（2）机场外部风速、风向、雨量	必配
		智能计算		端侧 AI 能力≥10Tops	必配
2	环境适应性	抗电磁干扰等级	—	A 级	必配
		防尘等级	—	5 级（IP55 工业防护等级）	必配
		防水等级	—	5 级（IP55 工业防护等级）	必配

序号	类别	参数	单位	规格	配置
2	环境适应性	防雷等级	—	支持配备避雷针	必配
		工作环境温度	℃	−20～55℃	必配
		工作相对湿度	—	≤90%	必配
3	无人机电池管理	最多支持自动更换电池组数	—	标配4组，更多可选配定制	必配
		电池同时充电数量	—	≥2块	必配
		无人机电池充电时长	min	≤120min 每块	选配
		智能电池管理（BMS）	—	支持	必配
		电池状态远程读取	—	支持	必配
4	UPS断电保护	切换时间	ms	≤3	选配
		输出功率	kW	≥1.5	选配
		应急使用时间	h	≥4	选配
5	作业能力	自主巡检功能	—	支持全流程自主运行 无需人工干预	必配
		无人值守运行	—	支持	必配
		断点续飞	—	支持	必配
		多元传感器	—	支持	必配
		边缘计算	—	支持	必配
		集群作业	—	支持 如多同步作业、蛙跳、对飞等	必配
		自主开关机	—	支持	必配
		备降与复降	—	支持，误差≤0.2m	必配
6	远程运维	远程设备监控	—	支持	必配
		远程OTA	—	支持	选配
7	信息安全	安全标准	—	满足国家电网内外网信息安全要求	必配
8	可靠性	机场连续起降无故障次数（含远程恢复）	—	≥200次	必配
		机场连续充电无故障次数（含远程恢复）	—	≥20次	必配
		飞行每百架次无故障率（除不可抗力情况外）	—	≥97%	必配
		正常维保下，机场本体使用寿命（不含无人机）	—	≥5年	必配
9	兼容性	适配多款机型	—	2款及以上	选配

2）大型多旋翼自动机场适配无人机技术参数（表2-3）。

表 2-3　　　　　　　　　　大型多旋翼自动机场适配无人机技术参数

序号	类别	参数	单位	规格	配置
1	无人机本体	轴距	mm	≥900	必配
		尺寸	mm	≤2300×2300 无人机任意两点（含旋翼）之间距离	必配
		最大飞行时长	min	≥65	必配
		最大载重量	kg	≥3	必配
		悬停精度（固定解）	m	水平：±0.15 垂直：±0.10	必配
		精准定位	—	（1）RTK 设计，采用差分定位模式，支持 GPS+北斗，实现厘米级高精度定位。 （2）支持视觉定位	必配
		精准降落	—	（1）支持 RTK+视觉。 （2）无人机自主精准降落误差≤20cm	必配
		通信传输链路	—	（1）支持 4G/5G 公网通信，控制距离和图传距离无限制。 （2）支持数图传模组通信，控制距离和图传距离≥15km。 （3）公网链路与数图传链路可同时工作，互为备份。 （4）可扩展 MESH 网络通信模式，最多支持 32 个节点，控制距离≥15km	必配
		自主避障	—	支持	必配
		电池更换	—	支持自动更换电池，更换时长≤3min	必配
		吊舱更换	—	支持自动更换吊舱，更换时长≤3min	必配
		多元传感器	—	支持	必配
		智能计算	—	具备端侧 AI 处理能力，能够自主引导光电吊舱识别关键电力部件进行对焦、测光、拍照，算力大于 5Tops	必配
2	遥控器	工作频率	MHz	（1）1427.9～1447.9。 （2）2400～2483.50。 （3）5725～5825	必配
		通信方式	—	（1）支持 4G/5G 通信。 （2）支持图传模组通信。 （3）通信延迟≤600ms	必配
3	电池	充电时间	min	≤120	必配
4	环境适应性	最大飞行海拔高度	m	5000	必配
		抗风等级	—	7 级	必配
		工作环境温度	℃	−20～55℃	必配
		防护等级	—	IP54	必配
		抗电磁干扰等级	—	A 级	必配
5	巡航能力	最大飞行半径	km	≥6	必配

序号	类别	参数	单位	规格	配置
5	巡航能力	最大水平飞速度	m/s	≥25	必配
		集群作业	—	支持	必配
		保护功能	—	（1）支持一键自动返航。 （2）支持低电自动返航。 （3）支持大于7级风以上自动返航。 （4）支持自动降落备降点。 （5）支持返航至指定地点。 （6）支持紧急降落。 （7）支持复降	必配

（2）中型多旋翼无人机自动机场。

中型多旋翼无人机自动机场巡检系统应由中型多旋翼无人机（1架）、中型多旋翼无人机自动机场本体和中型多旋翼无人机挂载［双光相机模块（充电）/可见光相机模块（换电）］组成，其中中型多旋翼无人机自动机场本体主要由机场箱体、供电模块、降落归中装置、无人机电池充电模块或换电模块、无人机动力电池组、温控模块、电气模块、通信模块、消防系统气象感知装置、机场控制模块、统一授时系统等组成。

1）典型中型多旋翼自动机场技术参数见表2-4。

表2-4　　　　　　　　　　典型中型多旋翼自动机场技术参数

序号	类别	参数	规格	配置
1	机场箱体	尺寸（长×宽×高）	≤2m×2m×2m	必配
		重量	≤1500kg	必配
		防护等级	≥IP54	必配
2	供电模块	UPS维持机场稳定运行时间	≥4h	必配
		断电保护	支持	选配
3	温控模块	温湿度监控	支持	必配
		机场工作环境温度	在-20～50℃环境下机场内部温度应控制在0～35℃	必配
4	无人机电能补充系统（换电型）	无人机换电模块	自动换电时长≤5min	选配
		无人机动力电池组最大存储数量	≥4组	选配
5	无人机电能补充系统（充电型）	无人机充电模块	自动充电时长≤1.5h	必配
6	通信模块	机场内、外部视频监控	支持，不少于2套	必配
		无人机与机场设备测控及影像数据全向传输距离（无遮挡无干扰）	≥8km	必配
		无人机与机场间测控数据传输时延（自有信道）	≤100ms	必配
		无人机与机场间影像传输时延（自有信道）	≤500ms	必配

续表

序号	类别	参数	规格	配置
7	定位与授时系统	cors 基站模组	兼容至少 GPS、北斗，同时具备网络基站与自建基站能力	必配
		统一授时系统	支持远程统一授时	必配
8	气象感知装置	—	至少包含风速、环境温湿度、降雨	必配
9	灭火装置	—	自动感知、自动灭火	必配
10	作业能力	精准降落方式	≥2 种，含 RTK、视觉	必配
		水平方向降落偏差（地面高度 3m，风速 5m/s）	≤0.2m	必配
		紧急备降	支持，误差≤1.5m	必配
		自检功能	自检项目至少包括动力电池电压、遥测遥控和导航定位功能	必配
		云端人工接管	应至少具备飞行动作控制（含向前、向后、向左、向右、向上、向下、左旋、右旋等）、负载控制、就地悬停、原地降落、备降功能	必配
		一键返航	支持	选配
		链路中断返航	支持	选配
		飞行区域限制功能	支持	选配
		低电压报警	支持	选配
		自主避障	感知巡检路径上距离不大于 5m 的直径 22mm 及以上导线障碍物，报警距离不小于 2m	必配
		环境感知与控制	周围气象状态异常时禁止执行任务或立即取消任务并返航，以确保安全飞行	必配
		断点续飞	因异常情况中断任务并返航后，可重新起飞，从断点继续执行巡检任务	选配
		机场固件远程升级	支持	选配
11	可靠性	机场连续起降无故障次数（含远程恢复）	≥200 次	必配
		机场连续充电无故障次数（含远程恢复）	≥20 次	必配
		飞行每百架次无故障率（除不可抗力情况外）	≥95%	必配
		正常维保下，机场本体使用寿命（不含无人机）	≥5 年	必配
12	兼容性	适配多款机型	2 款及以上	选配

2）中型多旋翼自动机场适配无人机技术参数见表 2-5。

表 2-5　　　　　　　　　　　中型多旋翼自动机场适配无人机技术参数

序号	项目	参数	规格	配置
1		最大飞行海拔高度（普通桨）	≥5000m	必配
2		最大可承受风速	≥15m/s	必配
3		搭载全套任务荷载后作业时间	≥30min	必配
4		搭载单一可见光任务荷载后作业时间	≥40min	必配
5		悬停精度（GPS 正常工作）	垂直：±0.5m 水平：±1.5m	必配
6		任意两点（含旋翼）之间距离	≤1500mm	必配
7	换电型机场可见光云台相机	可见光相机传感器有效像素	≥2000 万	选配
		云台相机角度抖动量	±0.01°以内	选配
		云台相机可控转动范围	俯仰：+20°～-90°	选配
8	充电型机场双光热成像云台相机	可见光相机传感器有效像素	≥2000 万	选配
		红外传感器分辨率	≥640×480	选配
		红外传感器测温范围	不小于-20～150℃、精度不低于±2℃或测量值乘以±2%	选配
		云台相机角度抖动量	±0.01°以内	选配
		云台相机可控转动范围	俯仰：+20°～-90°	选配
9		无人机与机场之间实时图传	≥720p@30fps	必配
10		无人机与机场（遥控器）之间实时图传延时	≤300ms	选配
11		定位方式	至少支持 GPS、北斗	选配
12		支持 SDK 开发	支持	必配
13		自主避障	支持	必配
14		正常作业（起飞至降落）时间	≥40 min	选配
15		工作环境温度	-20～50℃	必配
16		防护等级	≥IP45	必配

（3）小型多旋翼无人机自动机场。

小型多旋翼无人机自动机场巡检系统应由小型多旋翼无人机（1 架）、小型多旋翼无人机自动机场本体和小型多旋翼无人机挂载（双光相机模块）组成，其中小型多旋翼无人机自动机场本体主要由机场箱体、供电模块、降落归中装置、无人机电池充电模块或换电模块、无人机动力电池组、温控模块、电气模块、通信模块、消防系统、气象感知装置、机场控制模块、统一授时系统等组成。

1）典型小型多旋翼自动机场技术参数见表 2-6。

表 2-6　　　　　　　　　　典型小型多旋翼自动机场技术参数

序号	类别	参数	规格	配置
1	自动机场参数	尺寸（长×宽×高）	≤1.2m×1.2m×1.2m	必配
		重量	≤200kg	必配
		搭载无人机数量	1 台	必配
		最大巡检范围	≥3000m	必配
		数据自动上传	支持	必配
		微气象站功能	含风速、雨量、温度，湿度测量仪，1080P 监控摄像头	必配
		工作环境温度	−20～40℃	必配
		外部监控功能	支持	必配
		机场功率	待机≤120W；峰值≤1500W	必配
		UPS	≥4h	选配
		通信方式	支持 RJ45/OPGW/4G/5G	必配
		防护等级	IP54	必配
		自动充电	≤90min	必配
		温控功能	支持：内部温度控制 0～35℃	必配
2	作业能力	自主巡检功能	支持巡检任务与航迹自动导入，自主完成任务，无需人工干预	必配
		精准降落	在小于或等于 5m/s 风速下，降落误差不超过±20cm	必配
		远程图传	支持	必配
		自动开关机	支持	选配
		数据下载	支持	必配
		复降功能	支持	必配
		紧急备降	支持；误差≤1.5m	必配
3	远程运维功能	远程监控	支撑	必配
		远程 OTA	支持	必配
4	可靠性	机场连续起降无故障次数（含远程恢复）	≥200 次	必配
		机场连续充电无故障次数（含远程恢复）	≥20 次	必配
		飞行每百架次无故障率（除不可抗力情况外）	≥95%	必配
		正常维保下，机场本体使用寿命（不含无人机）	≥5 年	必配

2）小型多旋翼自动机场适配无人机技术参数见表 2-7。

表 2-7　　　　　　　　　　　　小型多旋翼自动机场适配无人机技术参数

序号	参数	规格		配置
1	轴距	轴距≤750mm		必配
2	最长飞行时间	≥25min（无风环境 25km/h 匀速飞行）		必配
3	最大水平飞行速度	≥13m/s（P 模式，海平面附近无风环境）		必配
4	最大上升速度	≥5m/s（P 模式）		必配
5	工作环境温度	−10～40℃		必配
6	悬停精度	垂直	0.1m（RTK 正常工作时）	必配
			0.1m（视觉定位正常工作时）	必配
			0.5m（GPS 正常工作时）	必配
		水平	0.1m（RTK 正常工作时）	必配
			0.3m（视觉定位正常工作时）	必配
			1.5m（GPS 正常工作时）	必配
7	最大可承受风速	≥10m/s		必配
8	最大飞行海拔高度	≥4000m		必配
9	RTK 位置精度	在 RTK FIX 时：不大于 1cm+1ppm（水平）；1.5cm+1ppm（垂直）		必配
10	最大信号有效距离	SRRC：≥6km（无干扰、无遮挡）		必配
11	避障功能	具有视觉避障功能		必配
12	无人机电池组	LiPo 电池，可以循环使用		必配
13	云台相机	云台集成可见光和红外相机		必配
		可见光相机：≥1/2in CMOS；有效像素≥2000 万		必配
		数字变焦≥16x		必配
		红外光相机：分辨率≥640×480 @30Hz		必配
		数字变焦≥16x		必配
		云台角抖动量≤±0.01°，大控制转速≥100°/s		必配
14	支持 SD 卡扩展内存	≥128GB		必配
15	实时图传质量	720p@30fps		必配

注：1ppm = 10^{-6}。

（4）固定翼无人机自动机场。

垂直起降固定翼无人机自动机场巡检系统本体应由垂直起降固定翼无人机（1 架）、垂直起降固定翼无人机自动机场本体和垂直起降固定翼无人机挂载（1 个光电吊舱和 1 个激光雷达载荷）组成，垂直起降固定翼无人机自动机场本体由机箱箱体、供电系统、降落归中系统、无人机电池充电或换电系统、控温系统、电气系统、通信系统、灭火装置、气象感知等系统组成。

1）典型固定翼自动机场技术参数见表 2-8。

表 2-8　　　　　　　　　　　　　　典型固定翼自动机场技术参数

序号	类别	参数	规格	配置
1	机场参数	尺寸（长、宽、高）	≤8m×5m×2.2m（全展开尺寸）	必配
		重量	≤3000kg	必配
		搭载无人机数量	1 台	必配
		最大巡检半径	≤30km	必配
		数据实时上传	支持	必配
		微气象站功能	含风速、风向、雨量、温度，湿度测量仪，1080P 监控摄像头	必配
		工作环境温度	−20～50℃	必配
		外部监控功能	支持	必配
		机场功率	待机≤500W；峰值≤5000W	必配
		通信方式	支持 RJ45/OPGW/4G/5G	必配
		防护等级	≥IP54	必配
		无人机电能补充系统（充电型）	自动充电支持。自动充电时长≤120min	必配
		无人机电能补充系统（换电型）	自动换电支持。自动换电时长≤5min；无人机动力电池最大存储数量≥3 组	必配
		温控功能	支持，内部温度控制 10～35℃	必配
		温控方式	工业空调	必配
		UPS	UPS 备用电源使用时间≥4h	选配
2	作业功能	自主起降功能	支持巡检任务与航线自动上传，自主完成任务，无需人工干预	必配
		精准降落	支持 RTK、视觉引导降落等方式；在小于或等于 6m/s 风速下，降落误差不超过±50cm	必配
		无人值守运行	支持	必配
		远程图传	支持	必配
		异地起降	支持	必配
3	远程运维功能	远程监控及 OTA 升级	支持	必配

2）固定翼自动机场适配无人机技术参数见表 2-9。

表 2-9　　　　　　　　　　　　　固定翼自动机场适配无人机技术参数

序号	参数项目	规格参数	配置
1	翼展尺寸	≤3.6m	必配
2	机身长度	≤2.6m	必配
3	最大续航时间	≥90min	必配
4	最大巡航速度	≥100km/h	必配

序号	参数项目	规格参数	配置
5	最小巡航速度	≤65km/h	必配
6	最大载荷重量	2.5kg	必配
7	最大起飞海拔	≥4500m（全载重旋翼起飞高度）	必配
8	最大通信半径	≥30km（无干扰通视环境下）；≥80km（增加中继设备）	必配
9	抗风等级	6级	必配
10	防护等级	IP43	必配
11	定位精度	垂直方向≤3cm；水平方向≤1cm+1ppm	必配
12	GNSS 类型	北斗、GPS	必配
13	避障功能	支持	必配
14	ADS-B 系统	无人机内置 ADS-B 系统，可收到附近的民航客机广播的 ADS-B 信号，具有自动规避功能	必配
15	机载数据存储	支持固态硬盘/高速 TF 卡；≥64GB	必配

2. 适配大疆无人机机场参数对比

目前市面上主流变电站内自主巡检用的无人机均为大疆无人机，各厂家针对特定无人机订制专用自动机场，并开发相应软件管理系统。适配大疆无人机的机场根据大疆无人机的实际飞行轨迹、高度、速度等参数预设，尺寸重量等外观参数预设以及红外飞行等功能的专业特点，提供定制化的专业配套服务。除此之外，设立专门的无人机管理部门或组织，负责机场内的无人机管理，包括审批飞行计划、培训飞行员、监管飞行活动等。制定详细的飞行规程，明确无人机在机场内的飞行路径、高度限制、飞行时间等，并与航空管制部门进行沟通，确保无人机飞行与其他航空活动的安全协调。目前可选自动机场组合见表 2-10。

表 2-10   市面上主流无人机机场功能、性能对比

项目		大疆经纬 M30+大疆无人机机场	大疆精灵 4RTK+厂家订制机场	大疆御 2 行业进阶版+厂家订制机场
外观参数	尺寸（长×宽×高）	折叠：365mm×215mm×195mm 展开：470mm×585mm×215mm	展开：350mm	折叠：214mm×91mm×84mm 展开：322mm×242mm×84mm
	无人机质量	3.7kg	1.39kg	0.91kg
	机场质量	90kg	120~460kg	
飞行能力	最大飞行时间	41min	30min	31min
	最大可承受风速	7级风	5级风	5级风
	避障	六向双目视觉+红外 TOF	五向避障（无上方）	六向避障，仅有上下方向有红外

续表

项目		大疆经纬 M30+ 大疆无人机机场	大疆精灵 4RTK+ 厂家订制机场	大疆御 2 行业进阶版+ 厂家订制机场
红外、夜间 飞行功能	热成像相机	640×512 分辨率 30Hz 帧率	无	640×512 分辨率 30Hz 帧率
	激光测距模块	波长 905nm，最大 1200m 测量范围 精度：±（0.2m+D×0.15%）	无	无
	微光 FPV	有	无	无
长期使用 可靠性	是否需要改造 无人机	原厂出产	否	需要在无人机上增加底架、 机尾需加装充电线
	RTK	基站 RTK	基站 RTK	网络 RTK
	充电方式	接触充电	机械臂换电池	接触充电

对比来看，大疆 M30 和大疆无人机机场组合在飞行能力、功能模块、长期使用可靠性和性价比上表现更优。其中，充电方式上避免了机械臂换电池和机尾加装充电线，保证了充电的可靠性和无人机重心的改变。RTK 类型上采用本地 RTK，信号更为稳定，且不需要连接外网。此机场组合具备热成像相机、激光测距模块和微光相机，夜间红外自主巡检的安全性更高。但性能提升的同时，M30 的尺寸和质量都较大，且为新出的机型，还需要确定它能够巡视的设备范围和站内实际巡检的稳定性。

第3章
电网设备无人机自动机场规划建设

随着现代科技的不断发展和普及，无人机在各个领域的应用越来越广泛。而随着无人机数量的增加，其起降和飞行管理问题也逐渐浮现出来。为了更好地保障无人机的安全和高效运行，自动机场规划建设就显得尤为重要。

自动机场是基于现代科技手段，通过自动化设备、智能交通系统等技术手段来实现无人机的快速起降，从而提高效率、减少事故发生率、提升服务质量。同时，自动机场还可以提供更加多样化的服务，如无人机维护、充电等服务，为无人机的发展提供更加便捷、高效的基础设施。无人机自动机场应用规划方面，需要根据无人机的应用领域和规模，确定机场的建设规模和布局。针对不同的无人机应用需求，可以设计不同类型的无人机机库、充电区、控制中心等设施，以满足无人机的起降、充电、智能管理等需求。在典型的建设方案方面，无人机自动机场通常需要设计合理的机场布局。机场布局应考虑无人机的起降通道和停机位的设置，以及不同功能区域之间的协调配合。其次，需要配置先进的自动化设备。无人机自动机场需要配置飞行控制系统、安全监控系统、智能充电设备等先进的自动化设备，以保证无人机的高效运营。此外，还需要建立完善的数据管理系统。数据管理系统可以通过传感器、摄像头等设备实时监测机场的运行情况，提供实时数据支撑，以便更加高效地管理和调度无人机。除了以上因素，自动机场的规划建设还需要考虑到政策法规和市场需求等因素。政策法规方面包括国家和地方政府对于无人机的管理政策和要求，市场需求方面包括用户对于无人机服务的需求和使用情况等。

3.1 电网设备无人机自动机场应用规划

3.1.1 规划原则

基于电网设备巡检的发展需要，结合自身资源投入情况，科学、经济、合理地规划无人机自动机场开展建设和配置，逐步应用电网设备无人值守自主巡检，助力电网巡检数字化转型。

自动机场规划主要考虑以下因素：

（1）整体性。

无人机自动机场作为工具类的巡检应用设施，同时作为电网新型巡检系统的重要一环，也有自身的发展层级需求。因此作为电网各专业共享的公共设施，规划需要具备整体思想，坚持"统一规划、合理布局、因地制宜、配套建设、协调发展"的方针。

（2）协调性。

电网公用类巡检设备必须与电网总体规划、专业应用、拓展应用及其他专项规划相协调。不同区域电网架构、发展速度、负荷强度、巡检密度及应用需求也不尽相同，从而导致对机场部署的密度和进度的需求也是多样性的，因此机场的建设也需要匹配电网的网架结构、发展要求。

（3）适度超前。

规划就是通过科学、严密的论证对未来进行预想设想，机场的部署规划也是如此。为了应对城市和区域电网发展的规模和速度存在的一些不确定因素，在机场部署规模论证上体现出发展的眼光，适度提高标准，适度超前，应科学合理地预测和规划无人机自动机场部署方案。

（4）可操作性。

规划需要具备可操作性，才能更易于实施，利于完成规划目标。为此，在进行规划用地的划分时，需落实到具体坐标，便于规划管理；制定短期和长期相应的定性和定量指标，使得规划具备较强的操作性。

（5）因地制宜。

基于地区发展的差异性，部分地区宜采用逐步规划、由点及面的原则，结合电网业务的切实发展需要，先解决迫切棘手问题，集中力量攻克焦点矛盾，总结试点经验，逐步推广。

（6）规模效益。

机场定点部署和全自主飞行作业，可使得多套设备协同作业发挥出巨大的规模优势，所以在部署时为了提高设施的运营效率，需要在重点区域集中部署，最大限度发挥设备规模效应。

综合以上规划因素，梳理出区域范围内电网无人机自动机场规划三大典型原则：

（1）基本性原则。

基本性配置原则主要是满足电网设备本体、线路通道、变电站周边环境基本巡检需要，在巡检能力上，要求配置的无人机自动机场刚好满足替代电网设备传统周期性巡检业务的刚性需要，实现自动机场覆盖区域的电网设备全自动巡检；在巡检手段方面，主要基于可见光、红外一体化挂载为主，以支撑电网设备周期性巡检数据采集的应用为主；在自动机场选择方面，以中小型自动机场为主，适配的无人机电源补给方式多为充电模式，无人机挂载相对固定，机场结构相对简单，维护难度和工作量较小。

（2）高可靠性原则。

高可靠性配置原则在基本性原则的基础上，进一步提升设备巡检密度和巡检手段，满足新形势下的电网设备精益化巡检需求。在巡检能力上除实现自动机场覆盖区域的电网设备全自动巡检外，还需要有保证部署区域开展特殊巡检的能力需求，如保电特巡、故障特巡等内容，具体体现为机场巡检区域覆盖重叠率不低于 30%；在巡检手段方面相对丰富，支撑可见光、红外、激光等多种挂载的应用；在自动机场选择方面以大、中、小型自动机场相融合的配置方式，适配的无人机电源补给方式多样、无人机挂载多样；在机场数据传输方面以有线传输为主，保证巡检数据传输安全高效稳定可靠。

（3）过渡性原则。

针对短期巡检需求的区域，综合考虑机场安装部署拆卸的便捷性，以及再次部署的区域运输便利性，选择适宜的机场类型，做好现场安全防护措施和整体部署应用方案。

在电网自动机场应用规划时，在主干电网、重要枢纽、保障供电区域宜采用高可靠性配置原则，在支线、电网设备结构单一的区域主要采用基本性配置原则，在临时用电、迁改线路、阶段性保供区域采用过渡性配置方案为主。

3.1.2 选址参考依据

1. 空域因素

机场部署选址要综合考虑城市区域发展总体规划和净空规划需求，尽量避免可能出现敏感区域，降低误闯禁区的可能性。

2. 巡检任务

综合考虑自动机场无人机的续航里程、作业半径、区域内输电、配电、变电站（简称"输配变"）输配变设备的体量及巡检任务的类型侧重点等因素，综合单座机场和周边机场协同巡检的工作负荷情况，选择部署无人机机场的数量和类型。

3. 供电通信因素

稳定可靠的电力供应和图文数据传输通信链路是自动机场正常工作的重要保障，机场部署点优先考虑电力和通信设施施工部署方便的区域，根据机场类型的不同保证部署点能够提供 220V/380V 且不低于 16A 的市电供应，满足高频大量图像视频数据传输带宽不低于 50Mbit/s。

4. 地理因素

优先布置水域、山区等道路崎岖不平、地势险峻的区域，降低人工参与巡检作业的风险，在保证电网设备稳定可靠运行的同时，尽量降低作业人员的劳动强度和风险，保障人员的生命财产安全。

5. 就近原则

为提高机场无人机日常作业的效率和数据传输的稳定性，机场的部署点选择应靠近巡检设备，一方面降低到达巡检目标地过程中的路程风险，另一方面提高设备的使用率降低对设备本体和电池的损耗。

6. 噪声因素

噪声是公共环境影响最主要的一个方面，是公众较为关心的环境问题之一。它虽然不会直接产生污染物，但会直接对人造成生理和心理上的影响，机场部署地点应尽量远离特殊住宅区、居住、文教区等可能因为无人机噪声引起矛盾纠纷的区域。为保障人员、财产、设施安全不受无人机威胁，避免卫星定位及遥控、图传信号受到遮挡、屏蔽，防止建筑、障碍物影响无人机起降和飞行安全，机场应安装在室外空旷处，应尽可能远离人群、敏感设备、文物古迹、贵重设施及高于安装位置的建筑和障碍物，射频地面站还应尽量安装在高处。

7. 电磁辐射因素

无人机自主飞行需要保证较强的信号定位需求，在选址时要充分考虑机场部署点周边可能出现的电磁辐射情况，影响无人机日常自主飞行时间的定位起降问题。使用单位及安装施工单位应携带主要任务无人机机型和相关仪器仪表实地考察备选机场地址，遍历可能的航线及任务区域，实测地磁扰动和移动无线网络、卫星定位信号质量，在各种可能的无人机姿态、朝向条件下测量遥控、图传通信的上下行信号强度，通过数据记录确认地磁扰动符合极限运用参数的要求，确定在机场及周边预定任务空域范围内能够可靠控制无人机、稳定传输图像/数据且无人机的卫星定位装置、地磁导航装置能稳定工作。

8. 气候因素

无人机的起降要满足一定的气候条件，风雨等级都是限制起飞的重要因素之一。同时机场附属通信站和微型气象站等设备，机场外部温湿度环境也是影响机场整体寿命和稳定的重要因素。通信防雷也是必要考虑的气候因素。

9. 交通运输因素

自动机场的安装需要用到中小型起吊装备，对地基基础也有一定的强度要求，建成投运后还要综合考虑后期运维的便利性，因为部署点的选择对周边的道路运输环境也要纳入考虑的范围之内。

3.1.3　电网应用典型选址

在电网自动机场部署应用实践中，主要考虑机场部署区域不应受到外界因素干扰，同时必须考虑自动机场供电需求及网络资源需求，依据前期踏勘，需考虑便捷管理，典型部署地点定于供电所和本地运维管辖的变电站内。

1. 变电站生活区及供电所空旷区

电网自动机场部署至供电所或变电站内，整体系统可通过软件平台为无人机设置电子围栏功能，禁止飞入或横穿变电站上空，根据参考市面常规无人机机场部署点位，变电站生活区及供电所空旷位置作为便于无人机起降点，是当前电网巡检无人机自动机场产品系统部署的最佳位置。

2. 变电站生活区及供电所办公楼楼顶

电网自动机场部署至变电站生活区及供电所办公楼楼顶，虽对无人机取电及后期周期性运维可能会存在一定限制，但办公楼楼顶起降视野相对较佳。

3. 行政单位办公场所

行政单位办公场所可稳定提供交流 220V 电压供电，同时数据接入环境相对稳定，可确保数据采集资源可靠传输，至少能提供带宽不低于 20Mbit/s 的网络资源，小、中、大型机场需提供半径为 10m 的类圆形空地区域，且确保空旷区域上方无异物遮挡。

3.2 电网设备无人机自动机场典型建设方案

3.2.1 典型输电专业区域建设方案

1. 建设目标

基于无人机全自动机场网格化部署后的全局特性，结合输电线路电压等级，建设如密集特高压、丘陵、水域等地形，形状、线状或面状的无人机全自主巡检作业区域，实现输电自主巡检覆盖率 100%，助力如输电线路通道巡检、本体巡检、带电作业巡检、应急特巡等多个业务功能。

解决输电线路运维面临的人员配置不足，人员结构断层，工作量严重饱和等实际困难，应用数字化智能运检手段和新的运维模式来不断适应输电线路精益化管理要求，切实提高输电线路运维质效。

2. 建设方案

本方案为在无人机自动机场网格化部署后，构建"面状"网格化无人机自主巡检示范区，选址位于无锡主城区以北和江阴市南部、西北部地区，示范区总建设面积约 1100km²，涵盖输电线路电压等级自 35kV 至 500kV，覆盖杆塔约 9000 余基，区内无机场禁飞区。

示范区内 500kV 线路以密集通道为主，线路涉及电厂上网段线路、跨区线路与长江大跨越（包含北部横跨长江的 385m 世界第一高输电线路铁塔）等重要输电线路区段，同时示范区内还包含在建±800kV 特高压线路。

示范区将通过"大、中、小"型无人机自动机场差异化部署，探索建设协同作业模式，有效覆盖输电线路通道巡检、本体巡检、红外精确测温及夜间应急巡检等任务类型，实现从巡检任务制定、任务派发、巡检结果回传、数据处理归档的实时闭环管控，实现输电巡检现场少人化、无人化，大幅提升输电线路运维质效。

本案例中无人机自主巡检示范区分二期建设，累计部署 18 套自动机场（其中包含大型多旋翼自动机场 14 套、中型多旋翼自动机场 2 套、小型多旋翼自动机场 2 套），可完成江阴地区输电线路全覆盖以及无锡北部 500kV 及以上密集通道线路和部分 220kV 及以下线路覆盖。

示范区建设概况：

一期建设内容：2021 年，无锡北部和江阴南部交界处，建设 7 台大型自动机场，形成约 400km² 的无人机自主巡检区，覆盖江阴地区 35kV 及以上线路约 700km。

二期建设内容：以无锡北部 500kV 及以上密集通道线路为核心，在无锡、江阴交界地区和江阴东部地区新增 7 个大型、2 个中型、2 个小型机场，与一期部署的 7 台大型自动机场形成联动，形成近 1100km² 范围的全自主巡检区域。

自动机场部署情况：18 套无人机自动机场主要部署于示范区内 110kV、220kV 电压等级变电站。

3. 方案实施

（1）机场选型方面。

1）大型无人机自动机场：最大覆盖半径 7～8km，每台大型自动机场搭配可见光、红外热成像、高音喊话器和激光雷达挂载各 1 套，大型自动机场可为无人机自动更换电池及传感器吊舱。

2）中型无人机自动机场：最大覆盖半径 5～6km，每台中型自动机场搭配可见光、红外热成像挂载各 1 套，中型自动机场可为无人机自动更换电池及传感器吊舱。

3）小型无人机自动机场：最大覆盖半 3～4km，每台中型自动机场搭配可见光、红外双光挂载 1 套，小型自动机场可为无人机自动充电。

（2）网络安全建设方面。

示范区基于 PMS3.0 统一架构，利用中台共享服务资源，实现无人机自主巡检全业务环节线上流转，确保作业高效开展、装备精益管理、数据安全可控，目前示范区无人机与自动机场已完成内网接入，应用电力北斗进行精准导航定位，与此同时，基于无人机与全自主机场整体通信链路、无人机飞行管控、设备数字模型等敏感信息均接入电力专网，实现数据安全通信。

（3）机场功能建设方面。

1）无人机端侧 AI。示范区内无人机具备前端（边缘端）AI 智能识别计算功能，应对本体巡检，无人机可利用前端 AI 识别对绝缘子、金具及挂点等拍摄点位进行视觉识别矫正，确保拍摄目标位于巡检成果图标的正中心，确保数据可用性，实现无人机数据采集的标准化。

2）大型自动机场多元吊舱自动更换能力。为满足输电多业务场景，每台大型机场内装配可见光、红外、激光雷达及喊话器等多源挂载，支持为无人机自动更换，充分发挥自动机场在设备通道快速巡检、红外巡检、激光扫描、夜间照明、通道隐患处理、灾害应急巡查、作业安全监督等各业务场景中的应用，提高自动机场自动化程度。

3）多自动机场下协同巡检。每套无人机自动机场可根据巡检半径与同规格相邻的 3 套自动机场彼此协作，实现区域内多机场协同与单机蛙跳式作业的自动联动，同时可支持不同种类无人机吊舱在各机场中传递。

4. 巡检应用

输电工况瞬时模拟：大型无人机自动机场可搭载激光雷达吊舱进行自主化采集数据并建

模，完成输电线路三维激光点云的采集，最终通过点云软件，完成如导线间距、树障、交跨距离等数据的瞬时工况处理。

（1）常态化巡视：在关联省公司设备部 PMS3.0 作业计划下，输电常态化巡检下，工作包含通道巡检与本体巡检。

（2）通道巡检：主要针对通道中如建筑物、树木、异物、违建等工况内容开展巡检。

（3）本体巡检：本体巡检下，无人机基于输电线路三维激光点云所规划的航线，通过 RTK 精准定位导航，完成线路本体如塔体、塔头、号牌、塔基、绝缘子、地线、相关金具。

（4）应急特殊巡视（白天/黑夜）：在发生故障报警后，无人机自动机场可快速响应输电无人机微应用发布的任务，协同班组排查故障点，可基于可见光与红外吊舱进行巡视，有效协助应急抢修方案制订、应急决策与指挥调度。

（5）设备巡视：针对示范区中大跨越线路中设备巡视需求，充分考虑不同工况下大跨越线路档中线路弧垂度过大。故通过无人机前端视觉识别，基于现有点云模型下，无人机可沿输电通道线路弧垂等高飞行。

3.2.2　典型变电专业区域建设方案

1. 建设目标

无人机自动机场建设后，通过远程智能巡视系统实时开展自动巡视、远程监控、智能判识别、智能联动等远程智能巡视，并展示变电站立体智能巡检系统巡视画面，远程查看设备运行状态、运行环境、现场人员行为和消防安防状况，具备实时数据查看、历史数据存储和查阅功能，实现设备巡检远程化立体式监控，提升设备状态管控能力，降低人员巡视工作量，提高设备巡检成效，提高变电运检效率。

2. 建设方案

（1）整体设计原则。

考虑经济性和可推广性，项目设计过程尽量合理利用前端设备，逐步探索并实现对变电站及周边的远程自动化巡视需求。与视频处理等技术相结合，在设计系统时立足于高起点、高要求，探索无人机全面巡检和视觉识别在变电站的应用。

通过建设基于变电站巡检高精度的点云数据模型，提高定位精度，确保巡检安全性；建设无人机智慧机场，可实现无人机自动充电、保证运行环境等功能，突破续航能力限制；建设机场调度平台，实现无人机智能巡检。

（2）系统构架。

无人机自动巡检系统包括空间定位系统、站端无人机、全自动机场、高清视频、红外测温摄像机等，通过无人机的自动定位巡视技术、视频的智能识别技术、热成像技术等，对运行设备信息进行采集，实现变电站内设备的高低空全视角管控，逐步探索变电站无人巡视的目标。

1）总体架构。

无人机系统被集成到电网远程智能监控体系中，并通过无人机业务应用网络安全防护系统在站端进行部署。无人机业务应用系统的网络安全防护总体架构是一个多层次、全面防御体系，旨在确保无人机操作的安全性和数据的完整性。从最外层的互联网大区到内部的管理信息大区，整个系统通过多道防线实现纵深防御。最外层的互联网大区通过安全接入网关（包括高端型和低档型）来控制和监控进出网络的流量，防止未授权访问和潜在的网络攻击。信息安全网络隔离装置（网闸型）在网络边界上形成一道防线，进一步增强了安全防护。进入管理信息大区后，无人机业务应用系统是核心组件，负责处理无人机相关的各种任务和数据。该系统包括航线库管理、适航区管理、基础配置、点云库管理、作业任务管理、统计分析等模块，实现了对无人机飞行任务的全面管理。为了进一步提升安全性，架构中还包括了电网资源业务中台、人工智能平台、电力北斗平台和电网 GIS 平台等，这些平台提供了强大的数据处理能力和智能分析功能，辅助无人机进行高效的作业任务规划和执行。此外，统一视频平台为监控和通信提供了一个集中的视频管理解决方案，而 WiFi 和电力光纤专网 APN 等无线专网技术则为无人机和移动终端提供了稳定可靠的网络连接。在物理层面，变电站和机场（电站）作为无人机的起降基地，通过部署无人机（变电站）和移动终端/机场，实现了对无人机的实时监控和控制。整个系统的信息安全遵循 GB/T 36572 的要求，确保了数据传输和存储的安全性。无人机业务应用网络安全防护总体架构如图 3-1 所示。

2）网络架构。

无人机业务应用终端层部署架构是一个综合网络系统，旨在实现无人机操作的高效性和安全性。该架构通过多个路径确保数据的稳定传输和作业现场的有效监控。公司网络大区作为整个系统的核心，负责处理和存储无人机收集的数据，并提供业务应用服务。它通过安全接入网关等安全措施，保障网络访问的安全性和数据传输的完整性。作业现场是无人机执行任务的物理区域，它通过路径 1 与公司网络大区相连。在这条路径中，无人机利用 2.4G/5.8GHz 无线通信技术与移动终端进行实时数据交换。移动终端不仅包括移动 App，还配备有遥控器，使得现场操作人员能够实时控制无人机并接收传输数据。为了提高数据传输的稳定性和速度，路径 2 通过 4G/5G 网络和光纤通信作为补充，确保在无线通信受限或不稳定的情况下，数据仍然可以高效地传输到公司网络大区。机场（含移动 App）作为无人机的起降和维护基地，也是数据传输的重要节点。路径 3 提供了一种离线数据导入导出的解决方案，使得在没有实时网络连接的情况下，无人机收集的数据可以通过离线存储卡的方式进行存储，并在适当的时候导入公司网络大区进行处理和分析。除此之外，无人机业务应用终端层部署架构遵循《国家电网有限公司关于推进变电站智能巡视建设与应用的意见》（国家电网设备〔2022〕653 号）以及相关网络安全要求。实现无人机自主巡检作业管控。无人机业务应用终端层部署架构如图 3-2 所示。

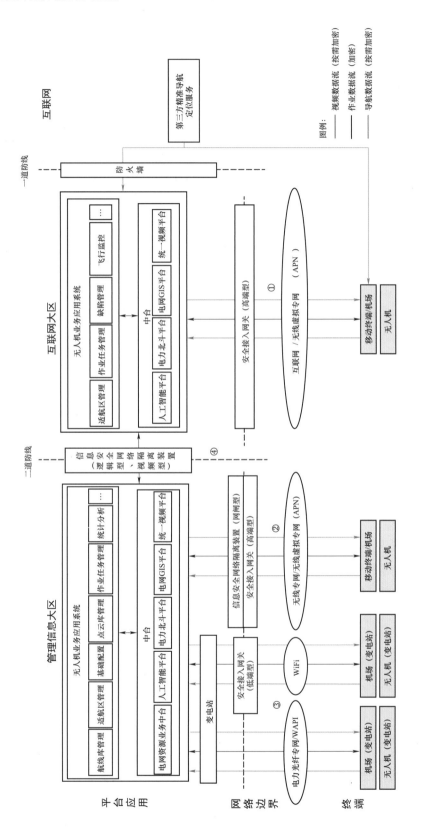

图 3-1 无人机业务应用网络安全防护总体架构

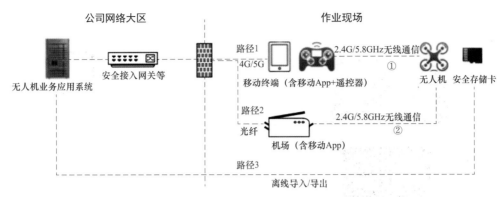

图 3-2　无人机业务应用终端层部署架构

3）巡视主机对外接口定义。

① 与无人机巡视系统接口：采用 TCP 传输协议，下发巡视主机对无人机的控制、巡视任务指令，接收无人机巡视数据、无人机状态等数据；采用 FTPS 等安全文件传输规范，接收可见光照片、红外图谱等文件；

② 与视频系统接口：与视频系统中的硬盘录像机接口采用 TCP/UDP 传输协议，获取摄像机的视频和红外图谱，并实现对摄像机的控制。

③ 与主辅设备监控系统接口：主辅助设备监控系统与巡视主机通过 Ⅱ 与 Ⅳ 区之间正反向隔离装置通信，采用 UDP 办议、CIM/E 语言格式，实现巡视系统获取与巡视相关的状态监测数据与动力环境数据、与主辅设备监控系统智能联动等功能。

④ 与智能分析主机接口：采用 TCP 传输协议，向智能分析主机发送识别分析任务指令，接收识别分析结果数据，文件传输接口采用 FTPS 协议。

⑤ 与上级系统接口：采用 TCP 协议传输任务管理、远程控制、模型同步等指令，视频传输接口遵循 Q/GDW 10517.1 接口 B 协议，文件传输接口采用 FTPS 协议。

（3）方案结构设计。

1）整体方案具备软硬件的扩充能力，支持系统结构的扩展和功能升级。

2）整体系统采用无线通信模式，支持机场接入有线专网。

3）机场具备定位辅助和恒温恒湿功能，自动充电，突破无人机巡航问题，实现无人机全自主智能巡航。

4）站端配置图像识别超脑，提供分布式计算，为大数据采集和分析提供素材积累。

5）整体系统软件具有较强的容错性，不会因误操作等原因而导致平台出错和崩溃。

6）采用全中文图形化界面。

（4）稳定及安全性。

稳定及安全性实现路线如图 3-3 所示，无人机基于 RTK 定位技术，利用地面激光扫描仪，在国家地理绝对坐标下扫描建立设备及周边杆塔环境的点云信息，建立设备的三维激光点云模型。再利用专业的航线规划软件为站内设备巡视规划的航线，系统可自动提取设备需要拍照的关键部件，包括导地线挂点、绝缘子串、横担侧挂点、地线支架等，也可以手动添加拍照点，并且对拍摄角度、距离进行微调，生成最优的巡视路径。

图 3-3　稳定及安全性实现路线

1）变电站高精度、立体化三维激光点云建模，满足无人机高中低空立体化巡检航线规划安全需求。

2）高精度的航线规划满足高低空立体化巡检的全面性、安全性需求。

3）设置虚拟安全电子围栏，无人机无法超越电子围栏，保证和带电设备的安全距离。

4）采用全塑外壳无人机，保证即使触碰设备也不会带来设备损害。

3. 方案实施

（1）机场选型。

根据巡检变电站规模、设备分布情况及不同设备巡检要求与周期，选择使用机场的型号及数量。对于巡检频次要求高的特高压变电站，可选择中型与小型相结合的多机场，也可选择采用一巢多机型机场。机场应具备的主要功能如图 3-4 所示，具体包括：

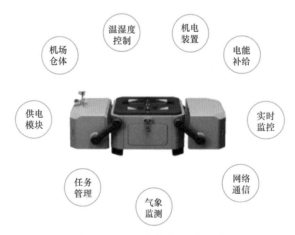

图 3-4　无人机机场主要功能

1）自动充电。无人机执行任务完毕后自动返回基站内部充电，无需人工换电。

2）恒温系统。通过保持设备内部恒温恒湿条件，保证无人机、电池及其他设备最佳运行状态，延长使用寿命。

3）立体监测。具备巢外监控摄像头；气象、温度、湿度等多种传感器；无人机实时画面回传，组成立体监测系统，全方位监测基站、无人机运行状态。

4）高冗余度。具备RTK定位与视觉识别系统融合降落技术，降落更精准（需配备RTK无人机）；内置控制系统多项运行检测，不满足作业条件时禁止指令执行，防止发生危险。

5）自由规划。具备正射、倾斜、线状、精细、环形等10余种航线规划模式，也支持自定义航点规划模式、三维航线规划导入模式，可自由规划航线。

6）远程控制。支持远程指令下达，控制无人机智能基站中的机械结构，也可以在任务执行过程中手动远程操作无人机。

（2）无人机选型。

常见无人机型号及指标如图3-5所示，自动巡检无人机，应具有三维航线智能规划、无人机集群管理、无人机/机场全天候实时监控、无人机任务下发、数据管理及统计分析等功能，可进行统一监管和远程控制，实时掌握无人机作业状况，实现变电站机巡作业统一调度和数字化、自动化、规范化管理。

型号	大疆经纬M300/M30	大疆御3行业版	道通EVOⅡ行业版
图例			
对称轴距/mm	895/668	380	427
设备重量/kg	6.3/3.8	0.9	1.1
机身材质	碳纤维	塑料	塑料
RTK模块	有	有	有
抗电磁干扰	较强	较强	较强
悬停精度/m	±0.1	±0.1	±0.1

图3-5　常见无人机型号及指标

（3）点位布局。

以500kV变电站为例，典型变电站设备分为主变压器区域、500kV设备区、220kV设备区和辅助设施。设备配置和巡检区域划分示例如图3-6所示，具体有：

设备表计的拍摄读取：油温表、油位表、SF_6压力表、避雷器指针、温度表、刀闸分合指示、其他指示灯等。

设备外观的记录：变压器、高低压电抗器、GIS、避雷器、互感器、电容器、架构、管母、母线接头等设备外观的拍摄记录。

设备测温：变压器、隔离开关、刀闸、避雷器、电抗器、夹件、母线接头等设备的运行温度测量。

出线巡视：变电站周边输电杆塔环境巡视、设备外观巡视、线路异物巡视等。

环境巡视：变电站周边环境、漂浮物、违章作业等。

图 3-6 无人机自主巡检目标

（4）三维建模。

变电站三维航线是基于高精度的变电站三维激光点云数据，利用特征提取、聚类分析、定向追踪识别等激光点云数据处理技术，在综合考虑多机型多旋翼飞行能力、作业特点、飞行安全、作业效率、起降条件、相机焦距、安全距离、巡查部件大小、云台角度、机头朝向等的基础上，可实现设备精细巡检和通道巡检全自动的航线规划，输出高精度地理坐标的航线规划成果以供多旋翼无人机智能、安全、高效地开展变电站无人机自动巡检。

户外设备采用地面激光扫描仪结合国家基准定位坐标系统，如图 3-7 所示，对于户外设备进行三维点云数据的采集，利用 RTK 设备采集控制点坐标，并对原始点云数据进行校核，并通过建模系统对原始点云利用特征提取、聚类分析、定向追踪识别等激光点云数据处理技术，进行去噪等处理，形成精确、无干扰的设备点云信息，通过点云信息建立户外设备的空间三维坐标系，作为航线规划的基础模型。

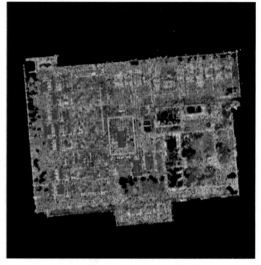

图 3-7 变电站点云采集及建模

（5）航线规划。

利用采集到的点云信息和设备台账关联后的设备坐标模型，通过无人机变电站三维航线规划软件，在综合考虑多旋翼飞行能力、作业特点、飞行安全、作业效率、起降条件、相机焦距、安全距离、巡查部件大小、云台角度、机头朝向等的基础上，可实现设备精细巡检和通道巡检全自动的航线规划，输出高精度地理坐标的航线规划成果以供多旋翼无人机智能、安全、高效地开展变电站无人机自动巡检，航线规划及航线库示意图如图3-8所示。

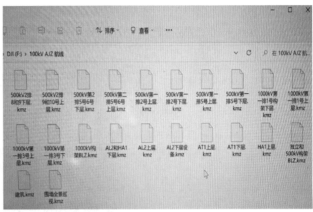

图3-8　航线规划及航线库示意图

根据设备坐标模型，可利用系统绘制设备安全电子围栏，无人机在电子围栏外飞行，确保飞行安全和设备安全。巡视航线初步规划后，系统会模拟飞行并进行安全检查审核。

（6）机场安装。

机场安装位置需现场调整确定，机场需敷设RVV2×4电源线一根、机场基础设备一套。机场安装完成后，测试机场功能，测试无人机自动起飞降落情况，并将站内设备及航线信息导入机场及无人机，即可实现自动巡检控制系统对无人机的控制和信息采集，实现无人机的自主巡检或临时航线规划的巡检目标，图3-9所示为特高压变电站全自动小型无人机机场部署现场示意图。

图3-9　特高压变电站全自动小型无人机机场部署现场示意图

机场与基站通信，获取无人机位置坐标，并将飞行指令发送给无人机，实现自动巡检控制系统对于无人机的控制和信息采集，实现无人机的自主巡检或临时航线规划的巡检目标。根据航线自主巡检，将照片、视频等数据回传给机场，机场再传输给管控平台。

（7）航线复测。

航线规划完成后，通过无人机自动驾驶系统导入，并由专业技术人员一键起飞，对航线进行复测（图3-10），对规划航线及点位进行全程跟踪，对飞行路径及点位拍摄角度进行修正、更改，确保点位拍摄效果达到最佳，确保航线的安全性和覆盖度，形成最终航线。

图3-10　航线复测

（8）调度平台。

平台应具备任务下发、实时监控、数据处理等实时监控功能。支持创建巡检任务，并调用航线规划系统生成巡检航线，支持下发、编辑、删除巡检任务等操作；实时显示无人机所处位置、无人机飞行参数等状态信息；机场实时的状态参数、运行状态、内置电池情况、内部温湿度、外部环境等；实时查看无人机巡检图传视频，自动记录详细飞行数据，统计飞行时间、里程；支持按照任务和设备进行巡检数据查询浏览，对巡检的可见光、红外数据进行管理，图3-11所示为无人机系统调度管理平台界面示意图。

图3-11　无人机系统调度管理平台界面示意图

（9）数据处理。

1）仪表仪器智能图像识别技术。通过图像智能识别技术，实现对变电站内部分仪器仪表的智能读表，代替人工巡视抄录表计数值。识别指针式表计度数、开关分合指示、文本显示等。

2）设备外观识别技术。采集到足够的设备样本后，采用 RANSAC 数据模型算法，针对刀闸等设备状态进行智能图像分析，通过设备关键特征点比对，从而完成对现场监视对象的状态结果的输出，如刀闸异位等情况。

（10）系统功能调试。

巡检系统包括巡检作业计划、巡检记录单、巡检缺陷单及其他图文、影像资料等，并在巡检完成后生成巡检报告。无人机系统具备下发航线巡检任务、一键返航、巡检数据回传、巡视视频回传、无人机巡检信息展示、微气象信息展示功能，具备与远程智能巡视系统数据交互和协同控制功能。

1）实时监控。系统实时展示变电站无人机智能巡检系统巡视画面，远程查看设备运行状态、运行环境、现场人员行为和消防安防状况，具备实时数据查看、历史数据存储和查阅功能。

2）自动巡视。变电站无人机智能巡检系统按照预制巡视路线执行巡视任务。巡视类型应包括例行巡视、熄灯巡视、特殊巡视、专项巡视、自定义巡视等 5 类。

3）智能图像判识别。具备变电站图像判识别功能，可识别设备运行状态、设备缺陷以及安全风险。图像判识别指对同一点位不同时间拍摄的两张或多张图片进行对比，图片出现不同时，排除干扰因素后，判别状态是否正常。

4. 巡检应用

（1）实际应用。

国网某供电公司根据国家电网有限公司远程智能巡视系统应用要求，开展某特高压变电站远程智能巡视异常天气后的特巡，图 3－12 为当时变电站气候环境（巡视时间：2022 年 11 月 15 日。环境条件：阴天，7℃，海拔约 12m。场地情况：站内无施工作业）。

图 3－12　某特高压变电站气候环境

（2）巡视实施。

1）建立巡视任务并下发。如图 3-13 所示，登录无人机子站系统，进入"航线任务计划管理"模块，调取验证完成的航线，按照异常天气后巡检策略创建航线任务计划。选择航线库中需要执行的"航线"，选择执行此任务的"提交"，选择完毕点击确定，执行航线任务。

图 3-13　创建航线任务

2）巡视过程实时监控。如图 3-14 所示，实时监控系统实时展示无人机巡视画面，远程查看设备运行状态、运行环境、现场人员行为和消防安防状况，实现获取数据后，自动比对分析，系统具备历史数据存储和查阅功能。

图 3-14　远程巡视平台无人机系统实时监控

3）数据管理及分析。进入"巡视任务"模块，选择已执行航线，查看巡检照片，查看通过系统智能识别模块处理的缺陷照片，查看系统生成的巡视报告，如图 3-15 所示。图 3-16和图 3-17 为巡检航线拍摄设备照片及巡检照片缺陷人工复核。

图 3-15　任务巡视报告

图 3-16　巡检航线拍摄设备照片

图 3-17　巡检照片缺陷人工复核

3.2.3 典型配电专业区域建设方案

1. 建设目标

实现覆盖网格范围内配电网架空线路无人机巡检覆盖率 100%，自主巡检率 100%，无人机辅助配电规划与设计人员进行决策，人工替代率 70%，挖掘配电网设备全寿命周期内无人机支撑应用能力。为今后提升配电管理精益化水平，释放已有巡检力量，实现公司面对电网资产信息的全面掌控打下坚实的基础。

2. 建设方案

本方案中国网某供电公司选取马桥区、开发区两处网格，马桥区网格地形方正，适合在中心位置部署一台智能机场，以 7km 的半径实现马桥区配电网线路覆盖，开发区网格地形为长条状，适合在两端各选取一个变电站位置部署智能机场，实现开发区配电网线路全覆盖。通过对马桥区网格和开发区网格可靠性调研，以马桥区和开发区为示范区，基于无人机自主巡检技术，建设推广配电网全生命周期管理方法是有必要的，马桥区和开发区网格现状分析如下：

马桥区供电网格主供马桥区镇区域内生产、生活用电，属于 D 类供电区域。网格内有 110kV 变电站 1 座，35kV 变电站 2 座，10kV（20kV）线路 10 条，线路总长 273.4512km，电缆 10.1294km。涉及辖区供电所 1 个。

开发区分区供电网格主供区域内生产、生活用电，属于 C 类供电区域。网格内有 110kV 变电站 3 座，220kV 变电站 1 座，10kV 线路 16 条，线路总长 205.4095km，电缆 26.0013km。20kV 线路共 16 条，线路总长 98.8823km，电缆 19.7138km。平均供电半径 5.6km 涉及辖区供电所 2 个。该网格内计划停电占比 29.16%，故障停电占比 65.71%，受"8.18"故障停电事件影响较大，需加强网格运维管理，提升故障处置水平。开发区网格可靠性相对较差，存在大量运维检修、新建改造等工程工作，目前，运维检修以及新建改造工程的验收校核都以人工为主作业模式。

立足试点区域内配电网设备应用需求，围绕配电网线路设备工程勘测设计、施工安全、运行巡检、检修改造等全寿命周期管理，建设全专业无人机智能巡检体系，通过无人机航摄测量系统提高配电网线路路径优化选线能力辅助勘测设计，通过基于无人机的施工作业现场安全监控与预警装备提高本质安全能力，通过高精度定位自主巡检、辅助智能检修（含应急抢修）技术和装置提高智能化作业能力，通过现场数据实时传输、智能处理分析提高数据处理能力，最终所有内外业务数据通过无人机智能运检管控平台实现互联互通，形成配电网设备"设计—施工—运维—检修"的全寿命管理闭环体系，打通数据采集—数据处理—数据管理—检修管理的链条，从根本上解决当前配电网架空线路以人工为主的作业模式面临的问题。

3. 方案实施

（1）总体方案。

通过在马桥区网格中心部署自主巡检机场，在开发区网格两端各部署一台智能机场，打造马桥区网格、开发区网格两种方式，建设配电网设备全生命周期管理方法示范区。马桥区网格地形方正，通过在马桥区网格中心部署一台大型自主巡检机场，覆盖半径 7km 内区域，覆盖网格内 110kV 变电站 1 座，35kV 变电站 2 座，覆盖 10kV（20kV）线路 10 条，长度 273.4512km，电缆 10.1294km。开发区网格地形条形状，通过在开发区两端优先选取变电站，部署两台自主巡检机场，机场覆盖半径留有冗余，两台机场可实现智能协同，实现覆盖开发区网格内 110kV 变电站 3 座，220kV 变电站 1 座；覆盖 10kV 线路 16 条，长度 205.4095km，电缆 26.0013km；覆盖 20kV 线路共 16 条，长度 98.8823km，电缆 19.7138km。

（2）机场选址。

无人机自动机场部署主要考虑机场部署区域不容易受到外界因素干扰，同时必须考虑自动机场供电需求及网络资源需求。

1）选址需求。机场优先部署在变电站内，两个变电站相距过远的时候增加供电所或者大型配电柜作为备选机场地址，需满足要求见表 3-1。

表 3-1　　　　　　　　　　机 场 部 署 资 源 需 求

机场类型	地基基础尺寸要求/（m×m）	电源供电要求	带宽资源	气象站基础尺寸要求/（m×m）	空旷区域	其他
大型机场	3×2.4	AC 220V/20A	≥20Mbit/s，上下行对等	1×1	机场半径 10m 内无遮挡	无禁飞要求

2）部署说明。根据前期对配电线路分布情况考察，结合大型多旋翼飞巡半径。以 7km 为作业半径规划无人机机场部署。选取人流密度相对较低、配电网设备密度较高的网格分区：马桥区分区和开发区分区作为试验的工程网格，在网格内布置两套大型机场，留有冗余，以实现区域配电网设备的全覆盖。其中，马桥区分区（64.59km²）机场部署在马桥区中心位置，以中心向外辐射半径 7km 覆盖；开发区分区（68.52km²）机场部署在两处变电站位置，留有冗余，协同全覆盖开发区区域配电网设备。

在开发区变电站两端各部署一台智能机场，在马桥区中心部署一台智能机场，机场内部都具有充电桩、气象站和数据传输模块。

通过建立中央控制系统控制无人机由机场内自动开机、起飞，按预设航线自主巡检飞行，完成任务后异地（包括其他机场）精准降落；控制机场对无人机进行自动充电、自动传输数据；控制云端对数据自动智能分析，成果自动上传管控平台，实现多机协同自主巡检的智能管控。

（3）机场构架。

1）整体构架，如图 3-18 所示。

2）机场系统组成。本项目中每台无人机自动机场由自动机场、无人机及相关挂载终端组成，采用多机联动控制实现各无人机之间的协调控制作业，提升输变专业巡检效率。无人机机场是实现无人机全自动作业的地面基础设施，是实现无人机自动起降、存放、自动充电/换电、远程通信、数据存储、智能分析等功能的重要组成。依托于机场的全自动化功能，无人机可以在无人干预的情况下自行起飞和降落、充电/换电，有效替代人工现场操作无人机，提高作业效率，彻底实现无人机的全自动作业。自动机场外观和结构示意图如图 3-19 和图 3-20 所示。

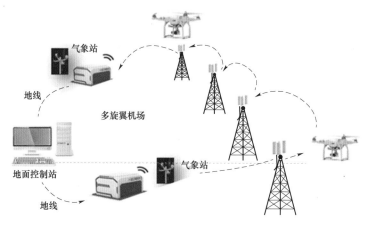

图 3-18 整体架构

图 3-19 自动机场外观示意图

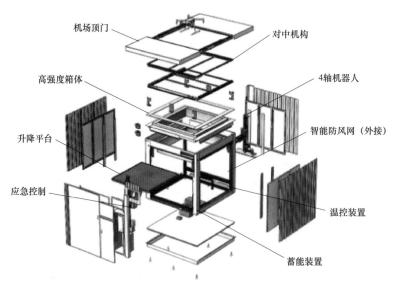

图 3-20 自动机场结构示意图

（4）配电网设备全寿命周期管理方案。

立足试点区域内配电网设备应用需求，围绕配电网线路设备工程勘测设计、施工安全、运行巡检、检修改造等全寿命周期管理，制订相应方案。

1）勘察设计阶段。

① 基于激光雷达的三维建模勘察。无人机挂载激光雷达设备，对马桥区网格、开发区网格规划区域的地形、地貌、地物、已有线路通道进行三维激光扫描采集，通过仿真技术模拟建模，准确获取到该区域已有的配电网架空线路，以及拟建区域周围所有障碍物的信息，能直观、快速、准确地查询到设备状况以及周边环境等信息，包括配电设备信息、地貌信息（基于光学正射影像、多光谱正射影像）、周边环境预警等。激光雷达三维扫描效果图如图 3-21 所示。解决设计阶段，电网设计单位看不见现场或者因环境变更导致的设计图与现场不匹配问题。

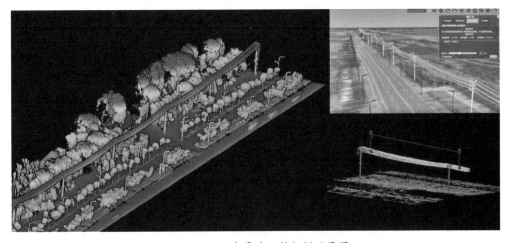

图 3-21　激光雷达三维扫描效果图

② 贯通 PMS3.0 的勘察设计模块。遵循 PMS3.0 架构设计勘察任务模块并贯通，依据 PMS3.0 中的勘察任务执行勘察作业，支持新建勘察任务并一键派发执行，无人机自主飞巡采集数据，通过远程在线方式查看，结合勘察的地形、地貌，应用激光雷达扫描建模，支撑真彩三维地图的构建。通过激光雷达的三维扫描，贯通 PMS3.0 通道，依据 PMS3.0 中的勘察任务执行勘察作业，实现设计模块配电网全过程，实现无人机的远程协助勘察。

③ 多类型载荷的模型数据采集。除激光雷达的扫描建模，无人机可挂载可见光相机，在通道上方按预设路径飞行，通过正射影像或倾斜摄影方式，采集线路通道内的图像信息，主要用于发现线路保护区内的建筑、施工、异物、树障等环境数据。可见光采集数据示意图如图 3-22 所示。

④ 基于真彩三维模型数据的二维图像设计。无人机通过激光雷达、可见光等多种载荷设备采集到的勘察数据，构建出的真彩三维模型，三维模型数据库包括地形、地貌数据，架空杆塔位置、本体数据，并通过可视化的方式展现，能高效准确地对配电网线路路径等数据进行规划设计，依据三维模型进行配电网杆塔设计和配电网线路走向更切合实际需求，设计后

成果保存到服务端数据库中导出二维的图像数据，生成图像设计图纸，为后续校核施工提供辅助和支撑。

图 3-22　可见光采集数据示意图

⑤ 依据设计方案的辅助勘察数据校核。辅助作业勘察任务是在已有设计方案情况下进行的辅助勘察作业，辅助勘察主要应用于施工作业前的数据校核，通过 PMS3.0 中派发的工作任务识别，获取相应的工作时间段生成一条勘察作业计划，勘察作业时间在施工时间段内，在达到勘察作业时间点时自动执行勘察作业，根据作业内容挂载相应的激光雷达、可见光、红外等设备，采集现场施工数据，包含地形地貌周边环境数据、杆塔线路设计建造数据，同时基于航摄测量系统，采集杆塔之间、线路之间的距离数据，依据采集数据与设计方案、设计图纸校核是否满足建设条件。

通过无人机巡检体系在勘测设计阶段可以有效解决马桥区网格线路接线复杂、人工测量不全面、效率偏低等问题。

2）建设施工阶段。

① 贯通 PMS3.0 的施工任务在线督查。在建设施工方面，通过贯通 PMS3.0 系统，关联停电检修任务、施工计划，识别施工工作区段以及施工作业时间，生成无人机督查作业计划，在识别的施工作业时间段内，自主飞行执行督查任务，通过挂载的可见光相机采集施工现场的数据，实现施工作业的在线督查。

② 施工进度、质量画面实时回传。在施工作业现场，无人机巡检采集的可见光数据、红外光数据、飞行轨迹数据实时展示，通过管控平台与机场的集成对接，实现实时视频回传、气候数据展示、无人机实时状态数据展示、机场遥测数据展示、施工现场地形地貌等数据通过可视化方式实时展示。班组人员依实时展示的画面、视频、数据，对施工进度、施工质量进行有效管控。

③ 施工现场的安全可靠性管控。无人机应用人工智能图像识别等技术，对人员、车辆、工器具智能核查，确保现场作业安全可靠。依托省公司人工智能平台，对作业现场实现全过程实时监控及智能化分析，主动发现作业人员穿戴不规范（安全帽、防护服、绝缘手套）、作业人员与带电部位安全距离不足等隐患风险，在主站端产生智能告警，通过无人机实现喊话器、音频传输指导现场作业。

④ 基于缺陷识别技术的施工工艺校核。通过关联 PMS3.0 系统中的施工任务，依据施工作业时间和施工作业区段，生成施工校核任务，识别施工作业时间结束后，无人机执行施工校核任务，飞往施工作业区段，通过可见光挂载进行精细化采集现场施工数据，基于人工智能图像识别技术，对施工工艺进行校核：一方面对采集的巡检数据与施工方案、设计图纸对比，识别施工现场工艺是否满足施工方案工艺，进行施工工艺校核；另一方面对采集的巡检数据进行智能缺陷识别，识别施工内容中的缺陷内容并标注，并生成工程遗留缺陷报告，对结果数据进行施工缺陷的识别。

3）竣工验收阶段。

① 基于 PMS 台账识别校核。通过与 PMS 台账设备关联，识别台账设备信息、位置信息，生成无人机竣工验收巡查任务，无人机巡查采集包括可见光采集与激光雷达点云数据采集，通过扫描数据对线路建设情况构建建设的三维模型，依据前期勘察设计阶段的二维图纸、规划的三维设计方案，核对施工完成情况，识别设备是否遗留缺陷隐患，识别设备准确位置、设备距离、尺寸等重要信息，进行校核，校核结果生成竣工验收巡查报告，依据可见光采集的数据，识别设备铭牌信息、杆塔信息等，并自动同步至 PMS 台账信息。

② 双机型协同验收采集。采用挂载可见光设备的常规飞机与挂载激光雷达设备的激光点云飞机分工协同，采集施工现场重要验收数据。一种挂载可见光相机的常规飞机用于精细化图像采集，与 PMS 台账、施工关联，根据生成的巡查任务执行验收，对改造和新建线路进行精准位置拍摄，采集数据回传至管控平台后，通过无人机缺陷识别智能识别缺陷隐患、设备铭牌信息，为验收校核以及竣工验收报告提供依据；一种搭载激光雷达设备的无人机根据生成的巡查任务对改造和新建线路扫描点云数据采集，通过点云数据进行竣工的三维模型建设，精确测量导线间距、电杆三维杆基础、拉线、树障高度、交跨距离等相关关键点数据，巡检数据通过存档，对比历史数据，进行弧垂分析、杆塔分析、相间距离分析等自动计算测量，测量的数值生成总体杆塔验收分析报告，为线路投运安全提供可靠保障。可见光竣工验收采集数据示意图如图 3-23 所示。激光点云竣工验收采集数据示意图如图 3-24 所示。

图 3-23　可见光竣工验收采集数据示意图

4）检修运维阶段。

① 基于智能机场的协同巡检模式。目前，配电网采用飞手手动操作的传统巡检方式，需

要班组人员抵达现场，通过部署智能机场，实现无人机自主巡检，自动执行，快速提高应急响应效率，智能数字化水平，同时机场之间通过网格驻点方式部署，打通机场之间互联互通，数据共享，实现各无人机巡检作业的智能协同，根据派发的巡检任务，快速响应就近派发空闲无人机执行巡检工作。

图 3-24　激光点云竣工验收采集数据示意图

② 常态化周期性巡检。配电网无人机常态化周期性巡检工作主要包括通道巡检和本体巡检。

a）自主通道巡检。关联 PMS3.0 作业计划，生成匹配的定期通道巡检作业任务，通道巡检一年开展 4 次，依据作业时间自主开展通道巡检任务。

挂载可见光、红外吊舱的多旋翼无人机对配电通道进行快速巡检，巡检内容见表 3-2。

表 3-2　　　　　　　　　　　　　　配电线路通道巡检内容

巡检对象		检查线路通道及电力保护区有无以下缺陷、变化或情况
线路本体	杆塔基础	明显破损等，基础移位、杆塔倾斜等
通道	建（构）筑物	距建筑物距离不够
	树木（竹林）	距树木距离不够
	施工作业	线路下方或附近有危及线路安全的施工作业等
	火灾	线路附近有烟火现象，有易燃、易爆物堆积等
	杂物堆积	通道内有违章建筑、堆积物
	防洪、排水、基础保护设施	大面积坍塌、淤堵、破损等
	自然灾害	地震、山洪、泥石流、山体滑坡等引起通道环境变化
	道路、桥梁	巡线道、桥梁损坏等

续表

	巡检对象	检查线路通道及电力保护区有无以下缺陷、变化或情况
通道	污染源	出现新的污染源
	采动影响区	出现新的采动影响区、采动区出现裂缝、塌陷对线路影响等
	其他	线路附近有危及线路安全的漂浮物、采石（开矿）、藤蔓类植物攀附杆塔

　　b）自主本体巡检。关联 PMS3.0 作业计划，生成匹配的定期本体巡检作业任务，自主本体巡检每三个月开展一次，分为可见光本体巡检和红外本体巡检，依据作业时间自主开展本体巡检任务。无人机自主飞行本体巡检主要基于高精度 RTK 定位技术，利用 RTK 高精度导航功能，实现拟定航线的精准复飞与数据采集功能。马桥区分区和开发区分区都是线路总长较长、通道环境较为良好的区域，比较适合采用应用无人机自主飞行对配电线路进行智能化巡检。本体巡检主要包括对配电线路设备、设施进行详细地巡检及工况、缺陷检查，主要巡检对象包括杆塔、横担和金具、绝缘子、避雷器、柱上开光等。

　　③ 贯通保电的特殊巡检。关联业务中台，依据保电计划、保电作业方案，识别保电时间范围、保电涉及设备以及线路区段、保电等级，生成无人机保电巡检作业任务。保电期间，无人机挂载相应可见光相机、红外相机等每天对保电区段进行本体巡检，包括红外测温、交跨测量、可见光采集，采集的影像数据实时回传、实时监控，采集的图像、红外数据经过缺陷智能识别标注，生成巡检报告，当识别出严重缺陷隐患时，管控平台发送告警信息推送至中台。

　　④ 辅助抢修的特殊应用。基于管控平台无人机的高效巡检手段，快速查找配电网线路故障点，为配电网检修人员农网抢修、城网抢修提供有效支撑，利用无人机挂载应急照明、基于视频图像和声音识别的抢修现场监控与保障技术，协助开展应急抢修方案制订、应急决策和指挥调度。

　　针对配电网线路结构和检修作业需求，研究线路与空间地物的无人机快速测距、无人机验电、无人机除异物、基于无人机的工器具及备品备件等检修物料传递等特性，在配电网检修作业现场辅助检修人员消缺，结合无人机管控平台和数据实时回传功能，执行安全监视等。运用无人机的"高机动、全方位、高清晰"特性，在检修作业中提供支撑，使检修改造作业中更加高效、安全。

　　⑤ 智能缺陷识别。基于配电网工程算法模型建立配电网线路无人机巡检影像库和典型缺陷库，研发基于深度学习的巡检影像缺陷智能识别技术，完成无人机巡检数据的实时传输，并与管控平台完成对接，实现对无人机巡检数据的缺陷识别标注，为配电网运维人员提供检修依据，提升运维智能化水平，为配电网检修提质增效。

　　通过马桥区与开发区示范区的全生命周期管理方案，对缺陷识别的巡检数据填充缺陷样本库，扩充现有缺陷样本库，同时完善算法模型，支持对配电网线路、杆塔等设备缺陷隐患识别，支持对设备目标、铭牌信息识别。

4. 巡检应用

　　依据无人机在配电网运维巡检应用，结合周期时间、设备应用制定配电网巡检任务计划表，见表 3-3。

表 3-3 　　　　　　　　　　　　　　巡检任务计划表

项目	巡检大类	巡检周期	工作要求
周期性巡检	通道巡视	一年 4 次	（1）通道巡视是专门针对线路通道环境开展的巡视工作，目的在于及时发现线路通道中的安全隐患。 （2）通过搭载的可见光、红外相机对配电线路设备及线路走廊进行快速检查，主要巡检对象包括线路异物、杆塔异物、沿线地形地貌环境、交叉跨越情况、临近线路建筑、树木等。 （3）由线路运维单位采用多旋翼无人机的方式开展通道巡视，通道巡视应与人工协同巡视交叉开展。 （4）一般采取上方巡检、单侧巡检和双侧巡检结合的方式进行线路通道巡检：其中上方巡检方式应用于巡检架空电力线路保护区范围内情况；单侧巡检方式适用于山坡、临近建筑的线路，且无人机处于山坡、建筑和线路外侧；双侧巡检方式则是在单侧巡检时无人机与目标线路之间有明显遮挡或无法完全覆盖时采取的方式
	自主本体巡检	3 月 1 次	（1）多旋翼无人机自主本体巡检，利用无人机搭载的可见光、红外相机对配电线路设备、设施进行详细地巡检及工况、缺陷检查，主要巡检对象包括杆塔、横担和金具、绝缘子、避雷器、柱上开关等。 （2）适用于首次开展无人机巡检的线路、存在缺陷或异常的线路以及需要开展本体巡检的线路。 （3）采用杆塔巡检的方式进行本体巡检，无人机以低速接近杆塔顶端约 2m 处悬停，准确拍摄，巡检数据自动同步至管控平台
非周期性巡检	工程验收	必要时	（1）利用多旋翼无人机搭载的可见光相机、激光雷达设备对新建完工后的配电网工程进行配电线路设备、设施详细地巡检、扫描，以采集到的图像作为验收标准，包括可见光精细化验收和激光雷达测量校核验收，主要巡检对象包括杆塔、横担和金具、绝缘子、避雷器、柱上开关等。 （2）沿架空线路走向，从线路上空飞行。首先爬升高度，完成工程全景验收，然后降低高度，贴近杆塔顶部依次飞越全部线杆，并着重在每基杆塔处停留，按顺序采集数据、核对图纸。 （3）采集数据包括工程全景照片、全景塔头、绝缘子特写、横担整体、导线视频、导线型号特写、其他辅助设施照片
	特殊巡视	必要时	防违章施工： （1）做好线路通道周边的施工、开挖、堆取土、建房、爆破、种植等作业的巡查和监控工作，重点关注吊车、泵车等大型作业机械，强化"防违章施工"无人机特巡，防范外力破坏风险。 （2）应通过下发安全隐患通知书、设置警示标志牌、向政府报备等措施切实做好安全风险防控 防树障： （1）加强对树木速生区段的巡视检查，发现影响线路安全运行的隐患应及时采取修剪、砍伐等措施。 （2）测量树木与导线的距离，建立树障隐患档案，并进行动态更新。 （3）对于无人机巡视发现的树障缺陷，配电运检室应根据缺陷等级及时开展树障清理工作 防飘挂物： （1）对线路周边飘挂物密集区进行集中巡视治理，同时对重点区段加强监督和巡视，必要时协助对易飘物进行固定。 （2）结合当地风俗，在传统节日及庆典活动期间开展防飘挂物特巡工作 防外力碰撞： （1）对跨航道的线路或易撞杆塔进行巡视检查和测量，确保航道警示、防撞设施完好，导线对水面距离符合相关要求，发现不满足要求的线路应及时与航道部门取得联系，采取必要的监控和预防措施。 （2）对不满足道路防撞要求的杆塔应及时采取必要的警示和防撞措施

续表

项目	巡检大类	巡检周期	工作要求
非周期性巡检	特殊巡视	必要时	防雷击： （1）查找雷击跳闸故障点，对发生雷击闪络的绝缘子，根据受损情况进行特巡更换。 （2）结合巡视及红外测温工作对线路避雷器等线路防雷设施进行检查，按照抽检方案对线路避雷器进行抽检特巡
			防鸟害： 根据鸟害规律开展防鸟害特巡，及时发现和消除危及线路运行的鸟巢隐患，及时调整鸟害特殊区段
			防污闪： （1）对于涂敷了防污闪涂料的绝缘子，特巡检查防污闪涂料是否有蚀损、漏电起痕、树枝状放电、电弧烧伤痕迹以及脏污、粉化、龟裂、起皮和脱落等现象。 （2）根据积污情况及天气状况及时开展特巡（夜巡）工作，巡视中发现爬电严重情况，应及时采取停电清扫（洗）、带电水冲洗等措施。 （3）结合巡视及红外测温工作对复合绝缘子进行检查，及时更换劣化和受损复合绝缘子，按照抽检方案开展复合绝缘子运行抽检
			大跨越： （1）应根据线路运行环境、线路特点和运行经验，利用无人机有针对性开展外观检查及红外测温工作，重点关注导地线及金具易磨损部位。 （2）应做好长期的气象、覆冰、雷电、水文的巡查记录和分析工作，针对存在边坡的大跨越区段，应组织开展边坡专业评估
	故障巡视	必要时	线路跳闸或设备告警后，应及时开展故障巡视，利用多旋翼无人机结合夜视、红外挂载等技术手段对故障点情况及周边环境进行详细检查，并及时报送故障原因分析报告
	季节保电	必要时/春秋季节每月 1 次	（1）在台风、雷暴、雨雪等恶劣天气前后，以及春运等保供电关键时段，对线路相应的特殊区段开展保电巡查。 （2）公司应及时调整配电线路的重要度及管控级别，并按照调整后的管控级别及重要度开展日常巡维、特殊巡视及专业检测工作，巡维结果及时向本单位运检部及相应部门反馈。 （3）对于影响保供电线路安全运行的缺陷及隐患，应在保供电之前开展缺陷治理及隐患防控工作。 （4）春秋季节对线路相应的特殊区段每月开展一次季节巡检，及时发现和消除危及线路运行的隐患

3.2.4　典型省级区域建设方案

1. 建设目标

各电网公司致力于贯彻党中央提出的"建设数字中国、网络强国""推进数字产业化和产业数字化，做优做大做强数字经济"等战略要求，并坚持智能化发展方向。建设目标是全面推进无人机在电网领域的实用化应用工作，以提升业务模式、现场作业和数据分析方面的效果。

随着无人机技术的高速发展和关键技术的突破，特别是在无人机机场规模化应用的前提下，南网某供电公司将探索无人机运维的一种新的巡检方式——无人机集群网格化巡检。通过该模式，将大幅提高巡检的自动化水平，并有效降低设备投资规模，减轻巡检人员的工作强度。最终的目标是实现空间立体巡检需求，并具备广阔的应用前景。

南网某供电公司已广泛应用无人机巡检模式：在输电领域，无人机已被广泛应用于代替人工对输电线路进行巡视；在变电领域，无人机已验证了代替人工巡检的技术路线；无人机已成为电网智能化运维的重要手段之一。其输变配专业已基本完成全局三维建模和航线规划，实现了无人机的自主巡视。2022 年，该公司无人机自动巡检长度达到 42.9 万 km，共有 4152 架无人机参与巡检，上传了 3641 万张精细化照片。

该公司将在现有无人机应用规模的基础上进一步优化输、变、配无人机巡视模式。充分应用无人机巡视调度平台，整合输配变线路的巡视航线，以变电站为中心，实现输配变无人机网格化区域巡视。

2. 建设方案

南网某供电公司以变电站为中心部署无人机母巢，实现无人机起降、充电/换电、续航范围内输配变设备巡视、无人机数据回传等全自主执行，在站外部署子巢作为无人机信号和临时充电中继点，实现输配变设备无人机自主巡视区域全覆盖，如图 3-25 所示。

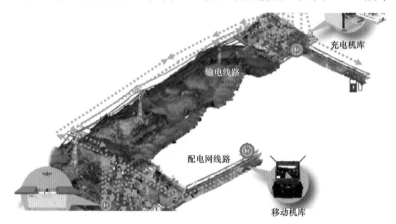

图 3-25 无人机输配变巡检意图

国网某供电公司的无人机输配变联合巡检组织架构如下，省级层面由机巡作业管理中心的主要职能是管理航线数据与巡视数据、地市级的生产监控中心和运维部门负责编制和下发巡视任务并上传各类数据，无人机联合管理平台负责执行任务和回传巡检数据，如图 3-26 所示。

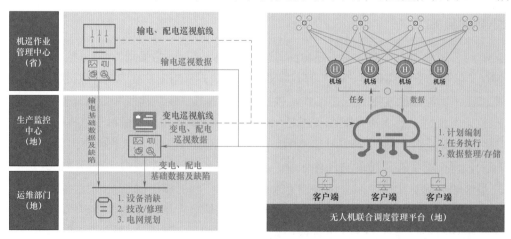

图 3-26 无人机输变配联合巡检组织架构

网格化航线规划模块可关联生产巡视计划或根据生产人员下达的临时任务进行输配变航线的优化组合，自动生成效率最优的巡视航线。巡视调度模块通过综数网实现与机场的数据交互，将最优航线下发至机场，并接收无人机实时状态数据信息和巡视数据，实现巡检任务自主下发、无人机实时状态监控、巡视数据管理等功能，无人机网格化区域巡检作业示意图如图 3-27 所示。

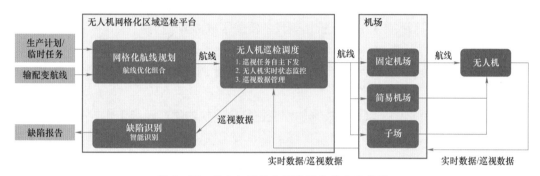

图 3-27　无人机网格化区域巡检作业示意图

无人机输配变网格化实施流程（图 3-28）主要有：一是建设区域化部署的机场；二是对涉及的输电线路、变电站、配电网线路进行三维建模；三是基于设备三维模型，绘制相应的无人机巡检航线；四是在管理平台上下发输变配巡检任务；五是巡检数据回传诊断分析。

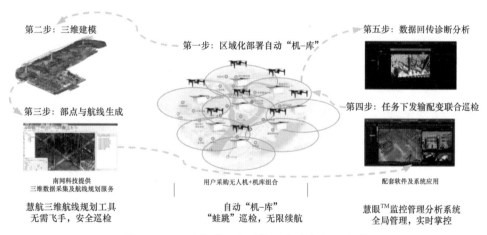

图 3-28　无人机输配变网格化实施流程示意图

3. 方案实施

（1）机场规模化布点策略。

机场是无人机的起降、控制和管理平台，无人机的任务范围均围绕机场展开，因此机场是无人机巡检的核心节点。通过在不同位置部署机场，无人机的任务范围可以覆盖网格内的输变配设备。机场的选址原则应满足以下原则：

1）就近布点。机场尽量靠近设备密集区域，提高巡检效率；机场布点以实现线路、变电站大规模自动巡视为目标，应尽可能覆盖重要设备区段，对于受禁飞区等因素影响而无法做到无人机场巡视覆盖范围均匀分配的区域，允许出现部分巡视覆盖缺失或重叠。

2）社会安全性。考虑无人机场设备的运营维护、安装难易程度、通电稳定性等问题，宜优先将机场设备布设在变电站、供电分局、营业厅等电网物业分布所在地。

3）规划位置。为满足无人机场数据传输的要求，其布设的场地需无遮挡，并宜在高处。

4）非禁飞区。无人机巡视作业在禁飞区不可执行飞行任务，机场布设选址应考虑空域管控，避免在空域管制区域或存在无人机诱骗设备覆盖区域部署。

（2）设备选型。

1）终端选型原则。在明确网络规划后，无人机网格化巡检需基于业务需求完成终端选型，相关原则如下：

① 安全可靠。可靠性是保持和提高输配变网格化巡检的生产运维工作效率的前提条件，因此在终端的选型上，需充分考虑终端的稳定性、安全性、环境适应性，保障较高的无故障时间，满足安全可靠原则。

② 经济高效。首先是经济性，经济性不仅是要求终端的价格低，同时也需要考虑在使用过程中的维护、能耗成本占比合理；其次是技术先进，可实现较高的生产运维工作效率，符合经济高效原则。

③ 开放兼容。开发兼容不仅要求在软件层面兼容各类通信接口，方便接入机巡系统，满足私有化部署，而且要求在终端方面支持多种类型的无人机。

2）无人机选型。无人机是输配变网格化巡检的执行终端，不同厂家、不同型号的无人机其电池续航能力不同，电池续航能力决定无人机巡视里程范围，因此，机型的功能及参数需适应场景需求：变电站须选择抗电磁干扰能力较强的双 GPS 天线定向高精度定位无人机，且能够搭载红外热像测温镜头，无人机整体尺寸应尽可能小，轴距在 500mm 以内为宜。输、配线路由于巡检距离较远且存在被遮挡的可能，因此需配置 4G 高精度定位模块，防止无人机脱控丢失；配电网线路则需具备导线绕障功能。输电线路树障需求可根据情况选择搭载激光雷达机型。

3）机场选型。无人机机场选型应从无人机适配性、开发兼容性、任务效率、部署便利性、气候适应性、尺寸和升级兼容性等方面进行考虑。从可靠性和维护便利性出发，应优先使用充电机场，少量选用换电机场、移动机场，避免使用塔上机场。

（3）网格化巡检模式验证及评估。

多智能节点终端及集群无人机的网格化巡检方式，需要确定无人机有效的巡检模式，目前集群无人机巡检模式有分布式单机巡检模式、区域接力巡检模式和多机协同巡检模式。

1）分布式单机巡检模式。在固定位置部署智能节点终端，且智能节点终端只供一台无人机使用，能够实现固定周期、固定航线的巡视，通常这种模式将智能节点终端部署于变电站中，对变电站及变电站周围设备进行定期巡检。

2）区域接力巡检模式（图 3-29）。这种模式是无人机从一个智能节点终端起飞到另一个智能节点终端降落方式，通常需要固定智能节点终端与移动智能节点终端或固定智能节点终端进行联合巡检，适用于中短距离站到站端的配电网线路巡视，更加节省无人机巡视返航时间，提高巡视效率。

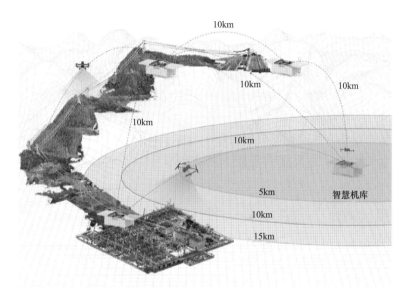

图 3-29　区域接力巡检模式

3）多机协同巡检模式（图 3-30）。这种模式通过一套智能节点终端配置多台无人机，实现一个巡视智能节点终端同一时间执行多个巡视任务，通常智能节点终端处于配电网线路较为复杂的环境下，这样对复杂线路环境的巡视效率有大幅提高。根据现场部署测试，分别对各种功能的无人机设置对应的实时巡检模式，完成配电网自主巡检目的。

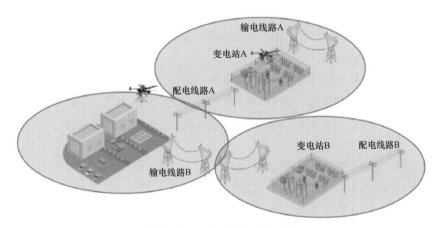

图 3-30　多机协同巡检模式

（4）输配变无人机巡检业务流转模式。

由于输配变无人机巡检仍处于发展的初期阶段，虽然技术路线已基本明确，但是由于各个地市局在管理职能划分、业务流转流程等方面存在较大差异，因此可大致划分为两类模式。

1）广州模式。广州模式的特点主要如下：

① 分专业建设。广州电网分公司的输变配无人机巡检的建设由各专业根据自身需求进行

投资建设，优先满足专业需求。

② 资源共享。由于机场一般都位于变电站内，因此输配专业会利用变电机场对控制无人机对变电站周边的输电、配电线路进行巡检覆盖，实现资源共享，主要的模式是分专业、分时段复用，具体飞行任务由指挥中心统筹安排作业。

2）韶关、清远模式。韶关、清远模式的特点主要如下：

① 运检分离。韶关、清远电网分公司成立机构，统筹"巡视"工作，各生产单位负责"维护"，实现输配变一次设备"巡视""维护"责任主体分离。

② 集约化管控。成立智能巡检班组，集中开展机巡和缺陷发现业务。

③ 问题处置专业化。原有运维班组取消机巡业务，专门开展设备特巡特维、消缺应急业务。

4. 巡检应用

通过输配变无人机网格化区域巡视，主要取得了以下成效：

（1）变电人工巡视替代。

无人机凭借高空优势，可以实现变电室外一次设备全方位、无死角巡视。目前无人机能够做到除箱体内部检查、气味检查、声音检查以外的设备外观巡视，整体人工替代率达到 79%。利用无人机采集的巡视图片，足不出户，运行人员可完成设备检查工作。

（2）变电巡视效率提高。

无人机一个架次可以完成 2 个间隔的巡视工作，以 220kV 芙蓉站为例，开展一次日常巡视，人工巡视单人次需要花费 6 小时，而无人机巡视单架次需要 4 小时，巡视效率是人工巡视的 1.5 倍。此外，1 名巡视计划执行人员可以远方调度多个机场开展变电站户外一次设备的无人机巡视，节省了人员到站的交通时间，运维人员进站次数减少到每月一次。

（3）变电巡视质量提高。

通过无人机巡视可以发现变压器顶部渗漏油、绝缘子破损等高处运维人员难以发现的设备缺陷，变电设备外观缺陷数较去年同期提升 12%。通过无人机自主巡视和数据分析管理，实现设备巡视数字化和巡视管理扁平化，利于设备状态跟踪分析和巡视业务监管，提高巡视质量。

（4）输电配电线路巡视人员工作强度减小。

利用无人机巡检平台开展输电配电线路巡视，运维人员无需开车携带无人机在不同起飞地周转。无人机巡检平台可以开展以变电站为中心的 3km 输配线路的无人机自主巡视，约占输电线路平均总长度的 40%，占配电网线路平均总长度的 90%，可减小输配巡检人员约 70%的户外工作量。

（5）提高资源利用水平。

输配变网格化巡检可将相关的无人机、技术人员等资源进行统一整合，通过明确的目标规划、统一的部署安排、高效的调度安排可有效降低现有运维方式的资源裕度和闲置，可进一步提高整体的利用水平。通过打造输配变网格巡检可以有效地提高输配变设备的巡视频率，增强现场巡视和问题发现能力，从而提高巡视运维质量。

（6）提高故障定位和应急勘灾响应速度。

利用规模化部署的无人机机场和集群化作业的无人机，能够极大提升故障定位的响应速度，综合应用故障信息、可视化终端告警信息，对故障位置进行快速精准判断。同时，通过远程下达自定义航线任务，无人机能够迅速前往灾害现场，传回受灾情况的实时画面，为抢险救灾决策提供强有力的技术手段。

3.2.5　典型市县区域建设方案

1. 建设目标

根据省公司无人机协同巡检示范区建设指导意见以及公司业务需求，某地方供电公司选取约 684.58km² 区域作为无人机协同巡检示范区，区域内电压等级从 400V 到 1000kV 全覆盖，示范区全局无禁飞区，均可开展无人机巡检作业。通过在试点区域内部署小型多旋翼无人机机场 4 套、中型多旋翼无人机机场 4 套、大型多旋翼无人机机场 3 套，实现区域内输配变设备本体巡检、红外测温、激光扫描、通道快速巡检、危险源快速管控，实现巡检现场少人化、无人化，大幅提升巡检运维质效；完成任务智能协同，应急响应快速，机场与机场之间互相联动，覆盖范围内相交的机场可通过任务优先级进行智能协同，需要应急响应时，可自动调配最快最合适的无人机执行任务，提高应急处置效率。

（1）实现全专业网格化智慧巡检示范区内变电站、输电与配电线路本体、输电线路通道等设备进行高频次巡检、常态化巡检、隐患排查管控。

（2）基于全电压等级网格化管理理念，利用无人机自主航迹规划及图像自主识别算法，构建输配变从自主化巡检到缺陷自主分析到故障精准定位的一站式巡检架构，大幅提升全专业无人机的巡检质效。

2. 建设方案

（1）方案说明。

根据国网泰州兴化市供电公司全专业网格化智慧巡检示范区输电线路分布、变电站和用电单位情况考察，该方案结合小型多旋翼无人机、中型多旋翼无人机和大型多旋翼无人机飞巡半径，在试点区域部署 4 套小型多旋翼机场、4 套中型多旋翼机场、3 套大型多旋翼机场，实现工作人员无需到达巡视现场，仅需通过控制全自主无人机巡检操作台即可远程操控全自主无人机巡检设备同时集群化作业。作业任务中，无人机采集数据将实时回传至全自主无人机巡检操作台，待作业完成后，无人机可通过 RTK、UWB、视觉组合的方式精准降落至全自主机场中。在机场内部，可进行无人机的电池充电，实现无人化不间断自主巡检作业。

1）机场部署依据。

大型多旋翼机场考虑布点因素：一是特高压设备密集区和重要枢纽变电站的进出线等设备巡检，特高压重要输变电设备迎峰度夏属地化支撑；二是支持特高压、超高压设备高频次、多挂载巡检，如可见光巡检、红外测温、三维激光点云建模及测距等；三是部署的 3 套大型机场，完成覆盖区域范围内全业务巡检作业单次所需时长约 15 个工作日，作业模式及周期合理。

中型多旋翼机场考虑布点因素：一是作为示范区内大型机场的巡检力量补充，支撑部署点位区域全专业设备密集区巡检需求；二是建立无人机数字化供用电保障机制，满足重点乡镇输配变设备高质量巡检需求，提升乡镇供电可靠性；三是四套中型机场部署位置毗邻结合邻近的两套小型多旋翼机场，全面开展输配变全专业网格化协同自主巡检探索。

小型多旋翼机场考虑布点因素：一是有效填充大型机场和中型机场覆盖盲点；二是与大中型机场协同巡检，构建差异化设备巡检模式；三是针对交通不便、配电线路环境复杂的区域，利用小型机场替代人工机巡，显著提升巡检质效；四是部署在毗邻位置的两套小型机场可开展蛙跳应用探索。

采用大中小机场协同巡检模式：一是大中型机场巡检覆盖半径大导致设备巡检周期长，充分考虑设备密度满足设备多点巡检快速响应要求；二是无人机和机场设备自身设备可靠性因素，适度考虑巡检后备能力补充更有益于保证自动机场无人值守系统的稳定性和可靠性；三是大中小机场充换电模式、差异性挂载、巡检承载力等因素，多型机场协同巡检，各自发挥自身的优势。

2）点位选择。

机场部署点位首先以所覆盖区域无禁飞区，可实现区域通航要求为前提，针对输配变设备密集，区域内涵盖不同电压等级架空、电缆线路，结合网格化管理策略开展输配变协同巡检业务探索工作。其次，各类型机场部署的站点与站点之间距离相对较集中，适合探索多机联合巡检自动机场自动换电、蛙跳巡检等技术应用，同时，机场部署点位聚焦输配变专业日常巡检需求，实际线路的走向分布，充分利用大中小机场的不同特性进行差异化部署。该方案中覆盖 176km 特高压线路及 250km 特高压重要输变电设备保障通道，覆盖 500kV 及以上线路 12 条、220kV 线路 3 条、110kV 线路 26 条，35kV 线路 5 条，输电线路杆合计 2066 条基塔，覆盖配电线路 103 条基塔共 12964 杆。选择变电站或供电所作为机场部署点，大型机场部署 3 套，中型机场部署 4 套，小型机场部署 4 套，可实现单日作业 165 架次，覆盖 247 基输电本体巡检、1237 杆配电本体巡检、5 座变电站周边隐患巡检。

① 大型机场重点覆盖特高压设备密集区和重要枢纽变电站，有力支撑特高压重要输变电迎峰度夏保障及属地化巡检工作。

② 中型机场聚焦输配变全专业网格化协同巡检，突出区域内设备高频次巡检覆盖需求，形成与大型机场均衡互补的格局，打造巡检质效提升的强劲引擎，强化机场覆盖区域内设备可靠性及供电保障能力。

③ 小型机场填补大、中型机场覆盖空白，开展差异化、灵活巡检作业，建立多机联合巡检响应机制，实现"多机协同、多点归一"查找模式，助力覆盖区域内故障区段的快速巡检排查定位故障点，进一步完善机场巡检网络构建。

④ 省级区域和市县区域的建设方案均包含不同类型的无人机自动机场，其安装差异点主要体现在设备、功能和规模上，安装步骤大体如下：

a）确定机场布局和设计：i. 安全评估：评估机场周围环境和空域，确定合适的位置和布局，确保安全。ii. 建筑设计：设计起降平台、充电设施、仓库等建筑物。iii. 无人机停机坪：

根据机场规模和需求，确定停机坪的大小和数量。

　　b）设备安装和调试：i. 起降平台：安装起降平台，包括导航灯、标识和安全警示设备。ii. 充电设施：安装充电站、充电桩和电源设备。iii. 通信设备：安装与无人机通信和控制的设备，如无线网络和通信天线。

　　c）软件和系统集成：i. 系统配置：安装和配置无人机管理系统、自动化控制系统和监控系统。ii. 数据连接：建立与无人机的数据连接，包括传输飞行计划和接收实时数据。iii. 故障排除：测试和调试各个系统的功能，确保正常工作。

　　d）安全和运维：i. 安全措施：确保机场周围的安全措施，包括防护网、防火设备等。ii. 运维流程：建立无人机起降和维护的标准操作流程。iii. 培训和认证：培训相关人员，包括操作员和维护人员，并确保其获得相关认证。

　　⑤ 关键环节包括：

　　a）设计和规划阶段的机场布局和安全评估。

　　b）设备的正确安装和调试，确保其正常工作。

　　c）软件和系统的集成和配置，确保各个系统之间的协调运行。

　　d）安全和运维措施的建立，保障机场的安全性和运行可靠性。

　　需要注意的是，具体的安装步骤和关键环节可能会因机场规模、无人机型号和应用场景的不同而有所差异，因此在实际安装过程中，需要根据具体情况进行调整和补充。另外，在安装过程中要严格遵守相关安全规定和法律法规，确保安全性和合规性。

　　（2）自动机场系统组成。

　　本方案中每套无人机自动机场由自动机场、无人机及相关挂载终端组成，采用多机联动控制实现各无人机之间的协调作业，提升输配变专业巡检效率。机场是实现无人机全自动作业的地面基础设施，是实现无人机自动起降、存放、自动充电/换电、远程通信、数据存储、智能分析等功能的重要组成。依托于机场的全自动化功能，无人机可以在无人干预的情况下自行起飞和降落、充电/换电，有效替代人工现场操作无人机，提高作业效率，彻底实现无人机的全自动作业。

　　1）机场及无人机。

　　无人机采用自动机场布置，可实现自动起飞、精准降落、自动飞行和自主作业等功能。小型多旋翼无人机和中型多旋翼无人机完成对输配变设备本体的巡检，通过挂载可见光、红外等载荷设备完成输配变日常巡检业务。

　　2）地面控制站。

　　机场地面控制台可对自动机场进行远程操作，包括开启舱门、关闭舱门、启动充电、视频监控显示等功能。

　　3）通信站和气象站。

　　通信站用于实现无人机遥控信号、视频信号、气象监测信号等数据的实时传输，其组成包括无人机遥控系统和信号传输设备。

　　气象监测杆组成包括杆体、机场外部视频监控、雨量传感器、温度/湿度传感器、风速/

风向传感器、遥控天线等。

自动机场组成包括机场箱体、平台升降和归中系统、电气系统、充电系统、控温系统、工控系统和机场内部视频监控等。

3. 方案实施

（1）部署资源需求。

机场可部署变电站、供电所空旷地面处，需满足表 3-4 机场部署资源需求。

表 3-4 机场部署资源需求

机场型号	地基基础尺寸要求	电源供电要求	电缆规格	带宽资源	光缆规格	气象站基础尺寸要求	空旷区域	其他
小型机场	长×宽：1.8m×1.8m，高度≥25cm	AC 220V/16A	电缆线4芯、线径不小于2.5mm²	≥100Mbit/s，上下行对等	铠装光缆不低于8芯	长×宽：1m×1m，高度≥25cm	机场半径10m内无遮挡	无禁飞要求
中型机场	长×宽：2.6m×2.6m，高度≥25cm	AC 220V/23A	电缆线4芯、线径不小于4mm²	≥100Mbit/s，上下行对等	铠装光缆不低于8芯	长×宽：1m×1m，高度≥25cm	机场半径10m内无遮挡	无禁飞要求
大型机场	长×宽：3.4m×2.8m，高度≥25cm	AC 220V/36A	电缆线4芯、线径不小于6mm²	≥00Mbit/s，上下行对等	铠装光缆不低于8芯	长×宽：1m×1m，高度≥25cm	机场半径10m内无遮挡	无禁飞要求

（2）供电方案。

无人机小型机场和气象站采用 220V/16A 交流供电，中型机场和气象站采用 220V/23A 交流供电，大型机场和气象站采用 220V/36A 交流供电，直接从变电站或就近主干电缆处取电，使用不小于 2.5mm² 的电缆供电，敷设方式采用地下 30mm 套管敷设。在平台施工时，预先穿好供电电缆。

（3）通信链路接入方案。

1）光纤连接。

自动机场与变电站通信室之间采用一根室外 8 芯光缆连接，光缆连接至机场箱体内部，在进行平台施工的时候可预先穿好光缆。为了确保光纤线路运行的安全、稳定，光纤入地通过管道线路进行敷设至指挥中心。如果有特殊情况，不便进行管道布设，可根据实际情况确定替代敷设方式。通信光纤敷设方式采用地下 30mm 套管敷设，由一根 8 芯网络通信光缆由机房接至机场箱体内。

2）网线连接。

如变电站通信室与自动机场距离比较近（70m 以内），可使用网线进行连接，在进行平台施工的时候预先穿好网线。为了确保网线线路运行的安全、稳定，需采用 6 类网线，入地并通过管道敷设至指挥中心。强电与弱电单独使用管道进行敷设，两者管道之间距离大于 0.1m，避免信号干扰。

3）专线连接。

如变电站通信室与自动机场距离比较远，自动机场端建议使用有固定 IP 的专线，带宽要求大于 100bit/s 同运营商的专线。

4. 巡检应用

（1）无人机机场巡检策略。

1）常规周期性巡检。

周期性巡检任务主要是根据任务工单开展常规巡检作业，具体内容按照工单要求的输配变作业内容，进行单一电压等级的线性巡检作业。

输电本体巡检通过采集杆塔地理坐标、高度等信息，生成无人机巡检航线。通过采集杆塔的空间坐标信息对目标区域计算四个方向的距离、高度及云台的俯角和仰角等参数；完成杆塔的 360° 环绕精细化拍摄。输电通道巡检针对线路通道环境开展巡视工作，目的在于及时发现线路通道中的安全隐患。

变电站内采用多旋翼无人机，可以满足变电站高、中、低层巡视点多且密集的飞行需求，覆盖了户外设备例行巡视范围和常规人工巡视盲点。

配电线路本体巡检采用多旋翼无人机搭载可见光与红外载荷设备，以杆塔为单位，通过调整无人机位置和镜头角度，对架空线路杆塔本体、导线、绝缘子、拉线、横担金具等组件以及变压器、断路器、隔离开关等附属电气设备、架空线路通道以及线路周围环境进行多方位图像信息采集。

2）网格化巡检策略。

在开展故障、应急等特殊巡检任务时，以网格化算法为核心，通过原始航迹数据碎片化重组，使得航迹文件从单一的矢量点位拓展为具备多属性、强耦合的航迹网络，打破传统无人机巡检输变配单一专业执行的模式壁垒，实现航线数据自定义、任务轨迹自定向、巡检模式自定型，基于网格化的管理策略，结合巡检设备分布情况、设备巡检频次、机场覆盖半径等要素，利用蚁群算法进行最优路径规划与巡检消耗资源预测，通过高清地理图与自动机场布点图层叠加，实现巡检任务选点布点双保险，综合交通、空域环境等因素输出最佳执行任务的机场无人机、时间、电池等资源信息，按照巡检任务优先级要求依次排序，自主决策并生成巡检路线和控制策略，实现开放、动态、复杂输变配工况环境下无人机电力巡检的智能化和多机协同巡检的智能化，智能、安全、高效地开展电力巡检工作。

（2）应用成效。

1）全专业协同巡检。示范区电压等级从 400V 到 1000kV 的全覆盖协同巡检，对示范区电网设备进行全电压等级、全专业类型的全覆盖。

2）多机联合巡检。系统就近分配任务，数据实时回传，人工智能平台自动整理，最后人员确认。系统自动指派至最近的自动机场更换电池，更换时间控制在 3min 内，实现无人机不间断运行。

3）无人化现场巡检。基于机场无人机进行全自主巡检，实现现场无人值守化管理，将人力从重复劳动中解放出来，专注于现场应急处置、检修消缺、数据分析和运维决策等工作。

4）标准化数据采集。在无人机边缘端对电网巡检目标物开展识别研究，并根据实时情况调节无人机及传感器吊舱姿态，确保巡检照片符合电网巡检拍摄标准，为巡检作业智能化缺陷分析奠定基础。

5）智能化数据处理。无人机标准化数据采集后，巡检结果人工智能缺陷识别归档，缺陷数据支撑缺陷识别算法的迭代升级，同时结合电网大数据系统完成设备运行状态的趋势分析或故障后的溯源分析，为电网运维、智能检修提供辅助性决策。

6）网格化质效提升。以网格化算法为核心，基于示范区内设备无人机巡检数据及空间大数据分析技术，融合大量航迹文件、航线碎片重组及自定义技术等资源，实现开放、动态、复杂输配变工况环境下无人机电力巡检的智能化和多机协同巡检的智能化，以便智能、安全、高效地开展电力巡检工作。

3.3 无人机自动机场建设

3.3.1 建设安装要求

无人机自动机场在安装前需对安装场地进行勘察，确认场地环境、地面、供电、供网等条件均符合安装要求后方可建设施工。

1. 环境要求

（1）安装场地海拔高度应符合机场运行高度要求。

（2）安装场地历年气温范围应符合机场运行环境温度要求。

（3）应避免在风沙较大的场地安装机场。

（4）安装场地应无明显生物破坏因素，如鼠害、白蚁等。

（5）未经许可不得安装在危险源附近，如加油站、油库、危险化学品仓库等。

（6）应避免安装在有易燃物场地，如易堆积杂物、杨柳絮等场地。

（7）应避免安装在雷击区。

（8）应避免安装在易发生灾害的场地，如地面沉降、泥石流、山体滑坡、积雪掩埋等。

（9）应尽量避免安装在化工厂、化粪池下风处，防止污染腐蚀机场；若安装在海岸线附近，则与海岸线直线距离应大于 500m。

（10）应尽量避免安装在频闪灯、不受控人造光源照射位置（如地面有大量反光物品），否则会干扰无人机视觉系统，影响其降落精度和飞行稳定性。

（11）应尽量远离强电磁波干扰场地，如雷达站、微波站、手机通信基站、无人机干扰设备等，需保持 200m 以上距离。

（12）应尽量远离铁矿、大型钢结构建筑，避免对无人机指南针造成干扰。

（13）应尽量远离强振动源、强噪声区域，否则会对机场的环境传感器造成干扰，同时易导致整机运行寿命下降。

（14）安装场地及作业区域应注意避开限飞区、禁飞区以及军事管制区。

（15）应尽量安装在空旷地面或楼顶等场地，安装场地顶部及四周应无明显信号遮挡物或反射物。

2. 场地要求

（1）地面要求。

1）安装场地地面应尽量选择平坦空旷的混凝土硬化表面。

2）尽量避免安装在已有地下设施的土地上，如上下水、煤气、供暖等管道，以及电力、通信、光纤等线路。

3）应避免安装在危险建筑物屋顶，应避免安装在楼体边缘，以免无人机坠落产生严重后果。

4）安装场地地面承重要求与所安装的无人机自动机场类型相关，一般情况下：

① 小型机场地面承重要求不小于 150kg/m²。

② 中大型机场地面承重要求不小于 1000kg/m²。

对于固定翼无人机机场来说，地面承重要求不小于 150kg/m²。

5）安装场地尺寸要求与所安装的无人机自动机场类型相关，且应为机场正常运行及安装维护人员留出足够空间，一般情况下：

① 小型机场安装场地尺寸建议大于 2m×3m。

② 中型机场安装场地尺寸建议大于 4m×5m。

③ 大型机场安装场地尺寸建议大于 6m×8m。

对于固定翼无人机机场来说，机场安装场地尺寸地面预留面积建议大于 2m×3m。机场开盖方向两侧至少预留 1m 作为开盖及空调散热空间；机场前后两侧至少各 0.5m，为机场正常运行及安装维护人员留出足够空间。

6）分体式机场的附属设施（如气象站、通信站、桅杆等）应安装在机场周边，或者安装在高处以减少信号遮挡，与机场主体距离 3～5m。

（2）机场底座要求。

根据实际情况，机场及其附属设施固定底座可选择混凝土底座、钢架底座或无底座直接固定至地面。

1）混凝土底座。安装机场至混凝土底座，不仅可以架高机场，解决地面沉降或积水问题，而且坚固可靠可有效满足大风天气的固定需求。适用场地如下：

① 非硬化土层的地面，如田野、林地、草地等。

② 有混凝土硬化但存在较大倾斜或不平整的地面。

③ 有承重要求的场地，如楼顶。

混凝土底座的基础尺寸应满足所安装机场的最低尺寸要求，并在施工时预埋电缆和光纤/网线。底座浇筑应采用 C20 以上规格的水泥混凝土砂浆，浇筑必须密实，禁止有空鼓。浇筑后的底座基础水泥厚度应不小于 20cm，底座露出地平面高度应不低于 10cm。混凝土底座平整度要求不超过±5mm，倾斜度小于 5°。混凝土浇筑须养护 7 天以上，以确保混凝土能达到一定的安装强度。

2）钢架底座。若安装场地已有混凝土硬化的水平地面，但存在水淹、信号遮挡、沉降等问题，需要架高机场，可使用钢架底座。安装于楼顶时，需提前确认承重梁位置以及楼板是否可以打孔，若不具备条件，需使用重物（如沙袋）将钢架妥善固定。

钢架底座需根据所安装机场的尺寸自行定制，推荐采用 40mm 不锈钢方管或者镀锌方管进行加工，并注意喷漆防腐蚀。底座的高度根据现场实际情况确定，一般不低于 15cm。

3）无底座。若安装场地已有混凝土硬化的水平地面，无水淹风险，且周围无明显遮挡物，则无需架高机场，可使用膨胀螺栓直接将机场固定至地面。

（3）备降点要求。

当机场或无人机出现故障或受外部恶劣天气影响时，无人机可能无法降落至机场，需要在机场附近设置一个备降点。

1）备降点宜设置在机场附近的空地上，地势平坦无积水，且无人机降落过程无障碍物阻挡。

2）备降点半径 1m 内区域不得有杂物，并且与机场在同一高度，水平距离为 5～50m，如图 3-31 所示。

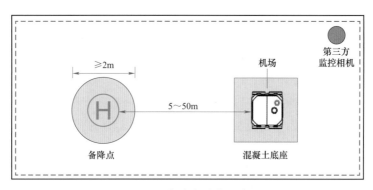

图 3-31　备降点要求示意图

3. 供电要求

使用机场时，需要接入外部交流电源为机场供电。供电要求如下：

1）电气连接应符合所在国家/地区当地的法规要求。

2）机场安装场地的供电需稳定，无频繁停电情况。

3）供电电压和频率需符合所安装机场的运行要求，一般采用 220V/16A 交流供电，频率为 50Hz，供电功率应大于机场运行最大功率。

4）为机场供电时，用户配电箱内需至少安装独立的 2P 16A 漏电保护器以及 40kA 浪涌保护装置。

5）应使用不小于 2.5mm^2 的电缆供电，机场连接外部供电的电缆需通过 PVC 保护线管进行铺设，并埋地处理；若无法实现埋地，需使用镀锌钢管铺设后紧固至地面，并将钢管良好接地。

6）当电缆长度大于 50m 时，建议在机场附近额外安装带插座的户外防水配电箱，以便设备用电。

4. 网络要求

机场使用时需要连接网络，可采用光纤、网线、专线进行连接，如配置 4G/5G 无线网络功能，可通过无线通信网络进行连接。

（1）室外线缆布线需使用 PVC 保护线管进行铺设，并埋地处理；若无法实现埋地，需使用镀锌钢管铺设后紧固至地面，并良好接地。

（2）电源线与网线应分不同线管铺设，线路及路由器应避免靠近水管、暖气管、燃气管。

（3）若布线距离小于 80m，可使用超五类及以上屏蔽双绞线作为网络连接线，并建议安装信号浪涌保护器，以保护用户端网络设备避免收到雷击损坏。

（4）若布线距离大于 80m，需使用光纤连接，并加装光纤收发器。

（5）建议使用千兆网络，网络上下行带宽均不小于 20Mbit/s。

安装人员应确认宽带网络可以连接机场远程管理系统，测试上下行带宽时，应使用相关工具在多个不同时段分别测得安装点网络接口与机场管理服务器及视频服务器连接的实际数据上传、下载速率，并获得其平均值和最小值的统计。网络接入点的本地或内网连接速度不能作为评估依据。

5. 其他要求

（1）防护围栏要求。

若无法管控靠近机场的人员时，需安装防护围栏确保周围行人安全以及设备防盗。

1）围栏安装时需稳固，避免倾倒，且需留有活动门以便人员进入检修维护。

2）考虑对图传信号和 RTK 信号影响最小，建议使用塑钢等非金属材质围栏。

3）机场及附属设施应均安装在围栏内，围栏与机场设施边缘最小距离应大于 1m，围栏高度不宜高于机场无人机起降平台，如图 3-32 所示。

图 3-32　自动机场示意图

（2）防雷接地要求。

防雷装置主要由接地装置、引下线、接闪器（如接闪杆、接闪带、接闪网）构成，当雷电直接击中接闪器时，雷电流从接闪器通过引下线、接地装置迅速泄流至大地。安装场地需要有效的防雷装置，机场及其附属设施应安装在防雷区域内；如果安装在楼顶，则必须有防雷装置。

接地装置是防雷装置的重要组成部分，其作用是向大地泄放雷电流。使用接地电阻仪进行接地电阻测量，机场要求接地电阻需小于 10Ω。一旦接地装置与机场安装位置距离大于 1m，需使用 40mm×4mm 扁钢将接地体引至机场附近 1m 内。如无现成接地装置，需制作并安装接地体。

3.3.2　建设安装流程

1. 场地基础施工

（1）地面混凝土底座施工。

1）现场勘察及定位。根据安装场地的具体情况，确认并划定机场及其附属设施的具体安装位置，以及相应的电缆、网络接入点，如图 3－33 和图 3－34 所示。

图 3－33　定位放线　　　　　　　　　图 3－34　电缆接入点核实

2）现场安全维护及基础开挖，如图 3－35 所示。

图 3－35　现场安全维护及基础开挖

① 施工区域需设置临时围挡，无关人员禁止入内。

② 开挖过程中需注意地下管线，如发现不明线路，需及时与甲方沟通汇报。

3）基础模板支设及预埋管铺设，如图3-36所示。

① 模板需支设牢固、紧实，避免在后期浇筑混凝土时出现胀模等现象。

② 预埋管需按指定位置埋设，且做好固定保护，避免造成管道堵塞。

图3-36 基础模板支设及埋管铺设

4）混凝土浇筑。自动机场基础在用合格标号混凝土浇筑后，在混凝土凝固前视环境、天气情况做好防护，适当洒水，保证混凝土能够可靠凝固，如图3-37所示。

图3-37 混凝土浇筑

5）基础施工完毕，如图3-38所示。

图3-38 基础施工完毕

（2）屋顶钢架底座施工，如图 3-39 所示。

1）现场勘察及定位。

① 现场测量承重梁位置和尺寸。

② 确认并划定设备放置具体的位置和底座形状。

图 3-39　屋顶钢架底座施工

2）钢架底座开槽及刷防水漆，如图 3-40 所示。

① 将底座放置方管的位置开槽（包含线路槽和预留口等）。

② 清理干净槽内的建筑垃圾。

③ 刷上防水漆，在槽内加水测试 1～3 天，检查楼板有无漏水现象。

图 3-40　钢架底座开槽及刷防水漆

3）桅杆底座预埋线管及浇筑加固，如图 3-41 所示。

图 3-41　桅杆底座预埋线管及浇筑加固

4）桅杆底座摆放焊接，如图 3-42 所示。

① 焊接方管（如已预先焊接好可忽略此步），预留出线管口和出水口。

② 给方管底部刷防锈漆。

③ 按照设计图纸摆放好底座并焊接。

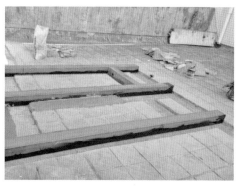

图 3-42　桅杆底座摆放焊接

5）安装接地扁铁及管路穿线，如图 3-43 所示。

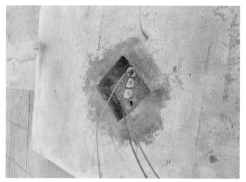

图 3-43　安装接地扁铁及管路穿线

6）槽内浇筑水泥及刷防锈漆，如图 3-44 所示。

图 3-44　槽内浇筑水泥及刷防锈漆

① 将所有开槽浇筑水泥。

② 等水泥浇灌 1 天后，用玻璃胶再次给方管周边打胶做好防水。

③ 最后为钢架底座刷防锈漆，完成基础施工。

2. 设备进场准备

（1）机场进场运输。

机场进场前，需根据所使用的运输方式，提前安排好人员、叉车或吊车。

机场运抵现场后应按装箱清单逐一检查，确认设备及附件、文件数量准确无误，检查包装、设备外壳，确认完好无损。机场操作人员应事先获得登录机场管理系统的用户权限。

如需搬运开箱后的机场，要小心移动，以免刮伤机场表面；避免出现任何撞击或者跌落，以免损坏机场。

1）人工搬运。小型自动机场可使用人工搬运，在移动或抬起机场时，应握住机场指定承重部位或托住机场地脚，切勿在舱盖和其他位置用力，以免损坏机场。

2）叉车搬运。使用叉车搬运机场时须叉在机场底部中间位置，保持机场重心在叉车中心位置，以防翻倒。移动时，机场旁需由专人看护。

3）机场吊运。若机场安装在高处，如屋顶，需使用吊车进行吊装。

如需吊运开箱后的机场，建议优先使用吊篮吊运；如果不能用吊篮，可以用捆绑的方式吊运，必须正确选择吊点位置，使用配套专用吊装工具，合理穿挂索具并进行试吊，如图 3-45 所示。

图 3-45 自动机场吊装

（2）机场临时存放。

如果机场不立即投入使用，临时存放需满足以下要求：

1）存放在干燥、防雨、防火并且周围无腐蚀性介质的场所。

2）机场存放时应避免受积水浸蚀和动物破坏。

3）外包装完好，并且定期检查。若机场内有蓄电池，每三个月需通电至少 6h 为蓄电池充电。

4）不可倾斜或倒置包装箱，不可在包装箱上堆叠物品。

3. 机场安装

（1）机场安装工具。

机场安装所需主要工具如下：

1）划线工具（长卷尺、直尺、记号笔、划针）。

2）混凝土打孔工具（液压冲击钻、冲击钻头、吸尘器）。

3）紧固工具（一字螺丝刀、十字螺丝刀、套筒扳手、梅花扳手、力矩扳手）。

4）测量工具（工业水平尺、卷尺、直尺、角尺）。

5）辅助工具（毛刷、镊子、裁纸刀、皮老虎、电烙铁、焊锡丝、电源接线板）。

6）钳工工具（斜口钳、老虎钳等），通用仪表（万用表、500V 绝缘电阻表）。

（2）机场固定安装。

1）确定机场安装方向，确保机场舱盖开盖方向无障碍物阻挡。

2）确定膨胀螺栓孔的位置。在地面膨胀螺栓孔标记处，双手紧握冲击钻（或电锤）的钻柄，垂直向下用力，依次钻出所有安装孔。如地面特别光滑，钻头不易定位，可先用样冲在孔位上凿一个凹坑，以帮助钻头定位。

3）取下膨胀螺栓上的垫圈、螺母，将膨胀螺栓杆和膨胀管垂直放入孔中。

4）小型机场可使用人工方式将机场抬至安装位置处，使地脚孔位分别对准膨胀螺栓后缓慢放下。

5）中大型机场需使用符合载重要求的叉车或吊车将机场悬于距标记好的安装表面 5cm处，观察并通过微调机场位置，使地脚孔位分别对准膨胀螺栓后缓慢放下。

6）用橡胶锤直接敲打膨胀螺栓，直到将膨胀螺栓的膨胀管全部敲入地面。

7）清洁地面和机场底部表面。

8）用水平仪测量并调整机场水平高度，在膨胀螺栓上依次安放平垫、弹垫，用螺母将底座固定在地面；若机场水平度超过 5°，可用调整垫片的方式在机场底座与地面之间进行局部垫高。

（3）机场部件/附属设备安装。

1）机场部件安装。一体式自动机场若有部件模块（如风速计模块、通信模块、4G 网络模块等）需现场安装，可参照相应机场安装手册上的相关步骤进行安装。

2）机场附属设备安装。分体式自动机场通常包含独立的通信站、气象站或桅杆等附属设备，需在指定的地点单独安装固定。

在划定的位置直立安装桅杆或塔架，并在其上指定位置固定射频箱，使用螺栓将桅杆底座紧固在地面或楼面上。然后依次安装气象传感器、气象通信电缆、天线及射频通信馈线。天线应固定在桅杆顶端两侧。射频通信馈线应与天线及射频箱内的遥控器可靠连接且弯曲半径不得小于 20cm。各气象传感器按指定位置固定排列在桅杆顶端横杆上，其中雨雪传感器应以 15°水平夹角倾斜、电缆斜向下安装。气象通信电缆的连接器应与各气象传感器及机场的气象站接口可靠连接。射频箱内的电源电缆应接入安装场地的交流供电设施。

气象站、通信站或桅杆等机场附属设备安装时应注意距离机场主体不能过远，应反复测量和确认各种工作条件下通信站均可与封闭机场内的无人机稳定通信。

机场及附属设备的电力及通信电缆应妥善捆扎、固定。需要沿地面走线的电缆应在现场设置管道和带电缆槽的踏板、护坡保护电缆，防止被践踏损坏。电缆在接入设备的内部应安装线卡防止拖拽、松动。各电缆及馈线从外部穿入射频箱体时应使用防水接头并拧紧，保持箱体密封。

机场及附属设备外壳的接地螺栓应通过专用接地电缆与现场保护接地网络可靠连接，如图 3-46 所示。

图 3-46 机场及附属设备安装实景

（4）电气连接。

电气连接主要通过将外部线缆连接到配电柜，实现机场的接地、供电和有线网络连接。

1）连接接地线。严格按照安装要求将机场进行接地，安装前应确保接地装置的设计和施工符合要求。使用接地电阻仪测试，确保接地电阻小于 10Ω。

使用 16mm² 黄绿双色线制作接地连接线。两端需压接线端子，接地连接线不得超过 1m。确保接地连接线尽量短、直，避免盘绕或与信号线缠绕。接地连接线一端与配电柜接地端子锁紧，另一端连至接地体的引出极并用螺栓拧紧。

2）连接电源线。若使用厂家提供的成品电源线，只需将电源线缆的连接器插入机场配电柜中外部电源接入插座，另一端连接至安装场地的单相交流供电设施即可。

若采用现场做线接入配电柜接线端子的方式，首先需将预埋的电源线引入机场配电柜，并预留合适长度；然后使用斜口钳去除电缆表层绝缘层约 70mm，使用剥线钳去除线缆末端的内层绝缘层约 8mm，将线缆末端套入针型端子后，用针型端子压线钳压接，并在表层绝缘层和内层线缆处使用电工胶带缠绕约 10mm；最后将电缆 PE（地线）、N（零线）、L（火线）的端子依次插入交流电源输入接口中，使用螺丝刀锁紧螺栓，并使用扎带整理固定线缆。

3）连接网线。将预埋的网线引入机场配电柜，并预留合适长度。确保网线使用超五类及以上屏蔽双绞线，检查网线的屏蔽金属网与水晶头金属外壳连接，且网线PVC外皮有效压入水晶头内，内部芯线不裸露。将网线的水晶头插入以太网接口后使用扎带整理线缆并固定，同时确保网线另一端与安装场地宽带网络设施连接正确、牢固。

（5）无人机安置。

按照与机场配套的无人机安装手册组装无人机，安装无人机任务载荷和飞行电池，并手动试飞，检查无人机健康状况。

在机场急停状态下，将无人机放置于机场无人机起降平台上。放置时须注意无人机机头朝向应符合机场使用要求。

若安装的是换电型或换挂载型自动机场，还需根据部署要求将无人机飞行电池或无人机任务载荷放置于机场电池仓或载荷仓中的规定位置。

4. 通电调试

（1）通电前检查。

通电前检查内容见表 3-5。

表 3-5　　　　　　　　　　　　　通 电 前 检 查 内 容

检查项目	检查内容
接地线	接地线两端妥善连接，螺栓无松动
电源线	线缆中的地线、零线、火线的连接稳固，线序正确； 线缆接头与接线端子压紧无松动； 线缆绑扎整齐美观
网线	水晶头内线序正确； 网线 PVC 外皮有效压入水晶头，内部芯线不裸露； 水晶头与网络接口连接稳固
机场	机场安装稳固、无晃动、倾斜小于 5°； 配电柜内干净整洁，无灰尘、污物或施工遗留物品； 向外拔出机场的急停按钮，确保处于释放状态
周围环境	机场区域已清除包装材料，如纸箱、泡沫、塑料、扎带等； 舱盖展开方向无杂物阻挡其运行

（2）通电调试。

安装人员确认现场供电电压正常、接线无误后，可以接通电源供应。

安装人员打开机场电气舱，打开机场的交流电源开关，确认机场的状态指示灯正常。若有机场附属设备，如气象站、通信站等，还需打开桅杆上的射频箱，接通射频箱电源，确认射频箱内部的遥控器、编码器、平板电脑等设备正常工作。

操作人员应首先接通机场视频监控系统，调整监控角度、焦距、放大倍数，确认场景大小合适、视角正确、画面图像清晰。然后登录机场管理系统，进入机场控制台软件，控制机场分别完成顶盖开合、平台升降和推杆、卡爪的归位、充电/换电、释放，确认各项动作是否正常。最后通过机场管理系统获取机场采集到的实时气象数据并与目测气象条件比较，相符合并满足任务气象要求后将无人机放置在平台上，进入任务下发界面，控制机场完成完整的起降和充电操作，确认无人机遥控、充电/换电正常，确认无人机图像、数据传输正常，至此机场安装调试完毕。

第4章
电网设备无人机自动机场智能管控

电网无人机自动机场智能管控是指利用无人机和人工智能技术，对电力输电配电网进行智能化的无人机巡检和管理的系统。通过将无人机与智能化的空中交通管理系统相结合，实现对电网设备和线路的高效巡检、故障检测和安全管理。首先，该系统通过预设的航线规划功能，根据巡检区域的特点和需求，智能规划无人机的飞行路径，确保全面高效地巡检电网设施。此外，机场智能管控系统对无人机的起降、飞行轨迹、电池状态等进行监控和管理，确保无人机的安全飞行和高效运行。系统还可以实现对无人机的远程操作和指挥，包括任务指派、飞行控制、数据传输等功能，大大提高了巡检效率和操作便捷性。

4.1 电网设备无人机自动机场管控模式

4.1.1 总体架构

无人机机场管控系统包括机场的巡检任务编制与管理、机场的状态监测、巡检任务的状态监测、巡检现场的实时遥测、巡检策略的应用与管理、巡检数据的智能分析，通过二、三维结合的形式进行整体系统的展示与应用。主体面向基层中心级别单位，向上对应省级监控中心进行管理与汇报，机场无人机自主巡检系统架构如图4-1所示。

（1）应用层：主要为机场设备管理、维修保养、空域管理、巡检管理、网格巡检、飞行监督、三维管理、航线管理、隐患识别以及巡检策略管理。

（2）网络层：本系统主要在内网、专用网络运行，相关网络主要以专用网络为主。

（3）感知层：本系统主要以机场为主，感知层主要覆盖各类机场设备。

（4）平台层：主要包括以下4个方面。

1）无人机公共服务平台：整合各专业无人机业务，提取共性需求，形成空域信息、维修保养、飞行监控、机场统一标准接口、厂家服务集群等13个开放服务接口，系统通过无人机公共服务平台，实现空域信息确定、维护保养等相关功能。

2）技术中台：包括电网三维平台、RTK服务平台、统一视频平台、电网GIS平台、人工智能平台和统一权限平台。各个平台相互协同配合完成加载数据、可视化监控、图像识别等功能。

3）数据中台：基于全业务数据及统一模型，进行跨数据域综合计算分析，通过各类数据服务，支撑无人机数据分析统计及价值挖掘应用。

4）业务中台：通过电网资源中心、作业管理中心，基于统一数据模型，调用电网资源查询、巡视计划维护、巡视任务维护等共享服务，并通过信息网络安全隔离装置（逻辑型）实现管理信息大区与互联网大区信息穿透，支撑设备台账信息获取，巡视计划下达、巡视任务派发、缺陷数据上报等业务。

电网设备无人机自动机场建设与应用

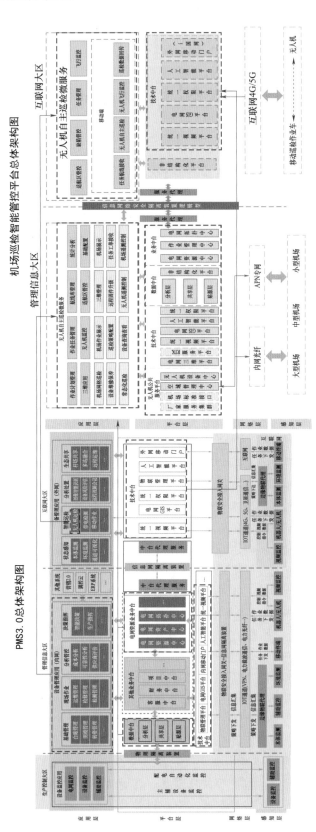

图 4-1 机场无人机自主巡检系统架构

96

1. 系统架构设计

网络架构：建立稳定、可靠的网络架构，包括数据中心、局域网（LAN）、广域网（WAN）等，以支持无人机自动机场网络的正常运行和数据传输。

传感器网络：通过安装传感器设备，实时监测无人机飞行状态、空气质量、温湿度等环境因素，提供数据支持和预警功能。

控制中心：设立集中的控制中心，对各个无人机自动机场进行远程监控、调度和管理，实现集中化的管控功能。

2. 无人机管理与调度

无人机注册与身份认证：每架无人机需要进行注册，并通过身份认证，确保只有合法的无人机才能被允许在南方电网公司的自动机场内飞行。

航线规划与调度：根据无人机任务需求和空域限制，设定合理的航线规划和飞行计划，并进行调度管理，确保无人机飞行的安全性和高效性。

飞行权限管理：对无人机飞行权限进行管理，包括起降许可、区域限制等，确保无人机在规定范围内飞行，并避免与其他飞行物（如飞机、直升机）发生碰撞。

3. 数据采集与分析

实时数据采集：利用传感器网络和无人机搭载的传感器设备，实时采集无人机飞行过程中的数据，包括飞行路径、电池状态、图像数据等。

数据存储与处理：将采集到的数据进行存储和处理，利用大数据分析和人工智能算法，提取有价值的信息，支持决策和优化飞行计划。

风险预警与异常检测：通过对数据进行实时监测和分析，及时发现飞行风险和异常情况，并提供预警提示，以保障无人机飞行的安全性。

4. 安全管理与防护

网络安全措施：采用先进的网络安全技术和设备，包括防火墙、入侵检测系统等，防止网络攻击和数据泄露。

物理安全措施：对无人机自动机场进行物理安全防护，包括围栏、监控摄像头等设备的安装和管理，确保无人机设备的安全性。

应急响应与演练：建立应急响应机制，定期组织安全演练，提高员工的应急处置能力，并确保在安全事件发生时能够迅速响应和处理。

5. 培训与合规性

人员培训：对无人机自动机场的管理人员和操作人员进行相关培训，包括飞行规章制度、安全操作流程等方面的培训，提高其安全意识和技能水平。

法规合规性：确保无人机自动机场管控模式符合国家相关法规和标准要求，遵守飞行安全和数据保护的规定。

4.1.2 管控模式

基于机场的无人机自动巡检系统形成了"云—管—边—端"的管控模式，包括云层无人机机场管控系统，管层多层次远程通信网络，边层边缘计算机和前端智能识别设备，端层自动机场本体、无人机、微气象仪、射频基站、监控摄像头等设备。

1. 云层无人机机场管控系统

机场自主巡检规划文件生成：在任务开始前，开展巡检线路及变电站的现场勘察，确定飞行高度，并结合站内布局，确定飞行航线起、降位置。勘察结束后，进行飞行航迹文件规划或采用人工现场采集航点方式为无人机规划适当的航线，设计完成的规划文件可上传至无人机机场管控系统，以达到无人机自动飞行巡检、高效获取所需数据的目的。

机场自主巡检任务发布：无人机机场管控系统对数据进行确认，之后进行任务派发，将线路及设备的位置信息、人员安排、设备安排以及无人机航迹规划等信息统一发送至相关任务执行部门和人员。

无人机操作：无人机自动飞行过程中根据需要可通过无人机机场管控系统切换为人工操作，可执行特定飞行动作，完成千里之外的远端无人机调度与飞行任务。

账户管理与任务安全管理：无人机机场管控系统实现专属用户的登录与访问。同时面对可共享的飞行任务实行优先级、账户安全的后台管理。对于电量、天气、飞行操作时间、空域要求、规程定义等实现严格的云端安全规程管理。

空中自动化任务：无人机在天气状况允许的条件下，按照预先云端规划好的固定路线自动飞行，进行目标区域的日常巡检作业和信息采集。实现远程全自动化的靶向巡逻和空中视角的视频监控，并对巡检设备状态实时传输。

信息采集与回传：实时传输、存储、推送无人机与机场的状态信息、无人机负载数据与云台实时图像，无人机与机场操控指令以及原始媒体数据的自动化流转。对机场与无人机全生命周期状态报文、飞行任务、飞行记录、实时图传、媒体以及负载业务等全部数据进行结构化存储。生产数据实现安全、可靠的存储，并提供冷热调取接口。

2. 管层多层级远程通信网络

根据管理需要，多层级通信网络采用 4G、5G、VPN、网线/光纤等多组网方式。同时考虑网络安全问题，又分为纯内网部署、纯外网部署、内外网混合部署等方式。

3. 边层边缘计算机和前端智能识别设备

在机场侧加装边缘计算模块或无人机加装前端识别模块实现巡检数据识别前置，借助基于采集、AI 算法、通信、安全等多功能一体的集成芯片通过前端智能 AI 识别模型进行实时分析，基于移动边缘计算的目标识别模型及训练优化的专家库，将轻量化的图像智能识别算法与一体化的集成芯片融合，实现电网设备巡检数据快速初步判别，同时将预判疑似的缺陷并通过通信链路回传云平台进行复测。

4. 端层自动机场及附属设备

端层作为巡检任务落地执行的终端,支撑无人机自动起降、充换电、精准定位、巡检数据和无人机工况传输等功能应用。射频设备保证无人机与自动机场的稳定通信,气象站实现对温度、风向、风速、降雨量等无人机飞行实时气象条件的探测,在机场内外安装的监控摄像头可进行远程监控和预警。

4.1.3　技术原理

1. 惯性导航原理

惯性导航系统基本工作原理是以牛顿力学定律为基础,利用陀螺仪建立空间坐标基准(导航坐标系),利用加速度计测量载体的运动加速度,将运动加速度转换到导航坐标系,经过两次积分运算,最终确定出载体的位置和速度等运动参数。根据惯性器件在机体上的不同安装方式,惯性导航系统可分为平台式惯性导航系统(GINS)和捷联式惯性导航系统(SINS)。前者将惯性器件安装在惯性平台的台体上,后者将惯性器件直接安装在机体上。GINS 能隔离载体的角运动和角振动,工作环境较好,但是结构复杂,体积质量大,价格昂贵。而 SINS 的惯性器件直接承受载体的振动和冲击,工作环境恶劣,会降低测量精度。但是随着惯性器件和电子计算机技术的发展,SINS 已经成为惯性导航系统的主要发展方向,目前绝大多数安装惯性导航系统的无人机使用 SINS。

惯性导航系统不依赖任何外界信息,也不向外界辐射能量,具有短时精度高、运动信息全面、隐蔽性好、不易受干扰等一系列优点,能不依赖于外界信息实现自主导航,其最大的缺点是定位误差随时间积累,导航经度依赖于惯性传感器本身的经度。因此普遍将惯性导航系统作为无人机的主导航系统,再辅以其他方式的导航系统或额外的误差修正信息(如地形、景物等)来提高导航精度。

2. 电力北斗技术

电力北斗技术是指利用中国的北斗卫星系统在电力行业中进行定位、导航和时间同步等应用的技术。北斗卫星系统是中国自主建设的全球卫星导航系统,具有全天候、全天时、全球覆盖的特点,为各行业提供高精度的定位、导航和时间服务。在电力领域,电力北斗技术可以应用于电网设施定位、应急抢修调度、电力设备导航、时间同步应用以及电力物联网应用等方面。通过利用北斗系统,可以对电力输电线路、变电站、光伏电站等电网设施进行精确定位和监控,帮助提高设施管理效率。同时,在发生供电故障或紧急情况时,利用北斗技术可以快速准确地定位故障点,指导抢修人员快速到达现场,从而缩短故障处理时间,提高抢修效率。此外,北斗系统还提供高精度的时间同步服务,可用于电力系统中的时间同步需求,确保各个子系统之间的数据同步和时序一致性。通过电力北斗技术的应用,可以提升电力行业的运行管理水平,提高供电可靠性和安全性,促进电力行业的数字化、智能化发展。

3. RTK 技术

RTK(Real-Time Kinematic)技术是一种实时动态定位技术,通常用于实现高精度的全球定位系统（GPS）测量。RTK 技术通过在测量设备和参考站之间建立无线通信链路，利用基准站的已知位置信息对移动设备进行差分修正，从而实现厘米级甚至毫米级的高精度定位。RTK 技术的原理是利用基准站和移动设备之间的 GPS 观测数据，通过对比基准站的实际位置和 GPS 测量结果来计算出误差，并将这些误差信息实时传输给移动设备，使移动设备能够进行实时的误差校正，从而实现高精度的定位。RTK 技术需要在测量设备和基准站之间建立稳定的通信链接，通常使用无线电或移动通信网络传输数据。RTK 技术在土地测绘、工程测量、农业精准作业、航空航天以及海洋测绘等领域得到广泛应用。它具有定位精度高、实时性强的特点，能够满足对位置精度要求较高的应用场景。

4. 自动起飞设计

多旋翼无人机控制系统设计有自动起飞模块，在接到起飞操作指令后，无人机会自动设定高度值并起飞，即使 GPS 精度不够，也可自动飞行至预设位置。多旋翼无人机在作业人员解除控制锁定后，通过自身系统自动计算当前实时气压计数据的观测高度。接着，基于导航系统解析计算加速度设定值，求垂直高度的物理量，通过卡尔曼滤波后取得最佳的初始高度值，判断初始高度值是否达到设定值，达到初始高度时开始上述高度计算测试和分析。垂直方向的位置、速度和加速度值受初始高度值控制，通过串行级 PID 位置控制器可获取飞机的高度，实现垂直高度、速度和加速度的控制。将高度环的设定值、反馈值设为卡尔曼滤波后的初始值，速度环输入值是高度环的输出值，反馈值是导航系统中加速度计算出的值，加速度环的输入值是速度环的输出值，反馈值是导航系统中加速度的数值。通过调整飞行控制器的输出值来调整无人机电机的旋转速度，进而调整多翼无人机的垂直位置、速度、加速度，使无人机到达设定位置。在垂直方向的位置发生变化后，计算气压计的观测高度和惯性导航元件的计算高度，作为下次高度控制的反馈值并再次获取。通过优化改进无人机的自动巡检起飞模块，降低无人机自动巡检起飞初期操作人员的操作复杂性，提高无人机的自动化程度。

5. 航线飞行规划

无人机航线规划流程图如图 4-2 所示，无人机自动起飞后，根据预先设定的杆塔坐标航线，依次执行杆塔坐标巡线任务，并记录数据。在 GPS 数据（检测到的卫星数量和数据精度）达到要求后，当无人机达到预先设定的垂直高度位置时，无人机飞行模式切换到自动巡检模式。

将预先设定的垂直高度和纬度作为垂直和水平方向的设定值，进行位置、速度和加速度的串行级别 PID 位置控制，对 GPS 和加速度计获得的位置和速度数据进行卡尔曼滤波操作，作为无人机的位置初始值，将位置环的输出值设为速度环的设定值及水平方向的位置和速度的反馈值。加速度环 PID 位置控制单元的设定值被设为速度环的输出值，且加速度的坐标系旋转值被设为控制单元的反馈值。在巡回检查前依次读取坐标输入的相关数据（垂直高度、水平位置）并作为设定的位置，然后控制多翼无人机的航线飞行。在无人机到达指定位置后，需在杆塔悬停以便获取电力设备装置的图像，然后用图像处理模块进行故障检测和定位。当图像信息处理完成后，读取坐标的下一位置信息，并进行下一轮操作，直到完成所有目标巡检为止。

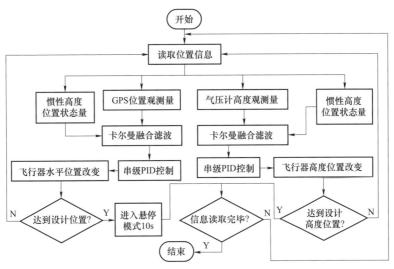

图 4-2　无人机航线规划流程图

6. 自动返航降落

在多旋翼无人机完成设定航线飞行后进入返航和降落模式，回到初始起飞坐标点，自动着陆至机场。在无人机起飞前会保存之前的 GPS 数据。完成巡航任务后先进行高度控制，将设定的返航高度设定为 10m，达到返航高度后加上水平位置控制，将起飞前的初始坐标点设为水平位置设定值。检测到当前水平位置和初始起飞位置之间的误差小于固定值时，确定该位置为返航初始起飞位置，并开始垂直高度控制。在自动下降高度的过程中，仅使用速度控制、加速度控制的串级 PID 位置控制器进行控制。速度环 PID 控制器的数值是设定的下降速度，并在导航系统中作为加速度反馈值。加速度环的设定值是速度环的输出值，反馈给导航系统作为加速值。如果连续检测到速度和加速度的反馈值为零，则可以判断为无人机着陆在固定机场上。

7. 基于多级视觉标识的精准降落

基于多级视觉标识图像识别方法实现无人机在不同高度上的精确定位，保证无人机精准降落，计算步骤包括阈值分割、边缘检测、四边形检测、投影变换、标识提取、位置坐标计算。与定位降落过程中的四个维度相对应，提出基于分段式反馈控制的速度矢量的四维控制方法，保证无人机降落过程中对左右、前后、高度和朝向等 4 个方向速度的稳定控制。基于多级视觉标识图像识别的四维定位降落方法，无人机降落精度较高，在外部环境和系统误差的影响下，降落误差仍能够满足降落精度的要求。同时，基于多级视觉标识图像识别和分段式反馈控制的厘米级精准降落技术具有定位精度高、可靠性强的优势，对环境有较低的要求。基于视觉标识阵列方法建立阴影下的无人机自适应降落方法可以提高降落定位的抗干扰性能。

4.1.4　通信方式

由于机场厂家众多，在整体方案设计之初，首先对机场整体功能、设备管理、遥测控制、任务流转、数据采集、设备自检、设备升级等相关操作做了规范化的标准统一接口，任何机场厂家都可以进行设备部署对接。通过建设无人机机场统一接口（图 4-3），制定统一接口

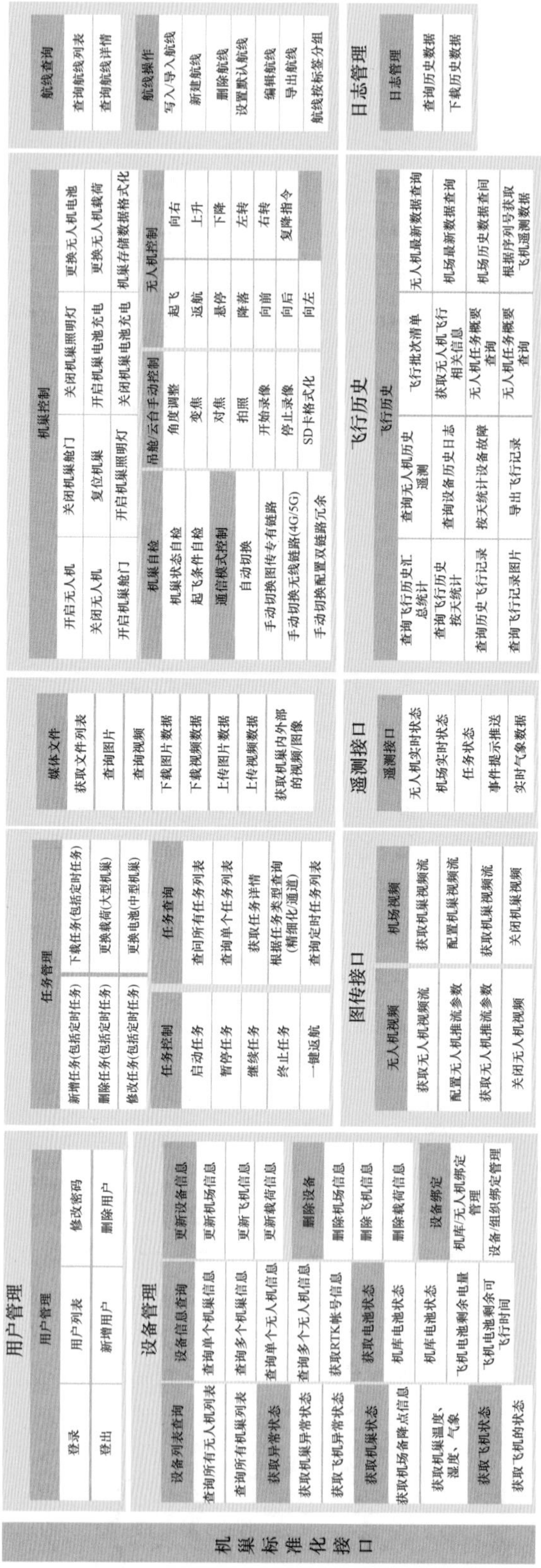

机巢标准化接口 / 无人机机场统一接口

用户管理

用户管理：
- 登录 | 用户列表 | 修改密码
- 登出 | 新增用户 | 删除用户

设备管理

设备信息查询：
- 设备信息列表
- 查询所有无人机列表
- 查询所有机巢列表
- 获取异常状态
- 获取机巢异常状态
- 获取飞机异常状态

	更新设备信息
查询单个机巢信息	更新机场信息
查询单个机场信息	更新飞机信息
查询单个无人机信息	更新载荷信息
查询多个无人机信息	删除设备
获取多个飞机号信息	删除机场信息
获取RTK账号信息	删除机巢信息
	删除飞机绑定

设备状态：
- 获取机巢状态
- 获取电池电量状态
- 机库电池状态
- 飞机电池剩余电量
- 飞机组织绑定剩余可飞行时间

设备绑定：
- 机库/无人机绑定管理
- 设备/组织绑定管理

机库状态：
- 获取机场备点信息
- 获取机巢温度、湿度、气象
- 获取飞机状态
- 获取飞机的状态

任务管理

任务管理：
- 新增任务(包含定时任务) | 下发任务(包含定时任务)
- 删除任务(包含定时任务) | 更换载荷(大型机巢)
- 修改任务(包含定时任务) | 更换载荷(中型机巢)

任务控制：
- 启动任务
- 暂停任务
- 继续任务
- 终止任务
- 一键返航

任务查询：
- 查询所有任务列表
- 查询单个任务列表
- 查询任务详情
- 根据任务类型查询(精简化通道)
- 查询定时任务列表

媒体文件

获取媒体文件列表：
- 查询图片
- 查询视频
- 下载图片数据
- 下载视频数据
- 上传图片数据
- 上传视频数据
- 获取机巢内外部的视频图像

机巢控制

机巢控制：

开启无人机	关闭机巢舱门	开启机巢照明灯	更换无人机电池
关闭无人机	复位机巢	开启机巢电池充电	更换无人机机载模块
开启机巢舱门	开启机巢照明灯	关闭机巢电池充电	机巢存储数据格式化

机巢自检：
- 机巢状态自检
- 起飞条件自检
- 通信模式控制

通信链路：
- 自动切换
- 手动切换图传专有链路
- 手动切换无线链路(4G/5G)
- 手动切换配置双链路冗余

吊舱/云台控制：
- 角度调整
- 变焦
- 对焦
- 拍照
- 开始录像
- 停止录像
- SD卡格式化

无人机控制：
- 起飞 | 向右
- 返航 | 上升
- 悬停 | 下降
- 降落 | 左转
- 向前 | 右转
- 向后 | 复降指令
- 向左

航线查询
- 查询航线列表
- 查询航线详情

航线操作
- 写入/导入航线
- 新建航线
- 删除航线
- 设置默认航线
- 编辑航线
- 导出航线
- 航线按标签分组

遥测接口

遥测：
- 无人机实时状态
- 机场实时状态
- 任务状态
- 事件提示推送
- 实时气象数据

图传接口

无人机视频流：
- 获取无人机视频流
- 配置无人机推流参数
- 获取无人机视频流
- 关闭无人机视频流

机场视频流：
- 获取机巢要视频流
- 配置机巢视频流参数
- 获取机巢视频流
- 关闭机巢视频流

飞行历史

飞行记录：
- 查询飞行历史汇总统计
- 查询飞行历史按天统计
- 查询历史飞行记录
- 查询飞行记录照片

遥测：
- 查询无人机历史遥测
- 查询设备历史日志
- 按天统计设备故障
- 导出飞行记录

- 获取无人机飞行批次消息
- 飞行批次相关信息
- 无人机任务概要查询
- 无人机任务概要查询
- 机场最新数据查询
- 机场历史数据查询
- 根据序列号获取飞机遥测数据

日志管理

日志管理：
- 查询历史数据
- 下载历史数据

图4-3 无人机机场统一接口

协议、开发部署接口、接入机场数据、下发飞行任务和指令。各机场厂商遵循标准接口协议，上传机场数据和飞行任务状态，供机场管控平台应用；管控平台可给机场下发飞行任务、开关仓指令，实现多厂家机场的统一管理。

管控平台主要通过 HTTP 协议和 MQTT 协议两种通信方式与无人机进行交互。HTTP 协议接口主要是实现下发指令控制机场的动作、无人机拍摄图片批量上传以及查询巡检工单任务。MQTT 实现与服务器的双向通信，将设备状态数据及时通知管控平台，自动机场通信接入方式如图 4-4 所示。

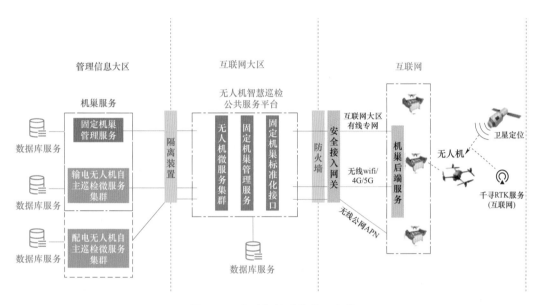

图 4-4 自动机场通信接入方式

4.2 电网设备无人机自动机场应用数据管理

4.2.1 可见光数据管理

1. 数据存储管理

可见光巡检影像海量数据可采用线上或线下管理方式，宜采用线上管理。

（1）线下管理。

对于线下管理方式，可将采集的影像应统一保存在专用电脑或移动硬盘中，采用文件夹进行规范化分级管理。巡检影像和分析出的缺陷分两个一级文件夹进行管理。

巡检影像设五级文件夹。

第一级文件夹：以"××××年无人机巡检影像"命名，如"2019 年无人机巡检影像"。

第二级文件夹：以巡检月份命名，如"1 月"。

第三级文件夹：以巡检类型分为两类命名，即"杆塔本体巡检"和"线路通道巡检"，同时将"缺陷图像"作为第三个并列文件夹。

第四级文件夹：在第三级每个文件夹下以线路名称命名，如"10kV××线"。

第五级文件夹：杆塔本体巡检以杆塔号命名，存放该线路该塔号杆塔的本体巡检照片；线路通道巡检以区段号命名，存放该线路通道巡检影像。第五级文件夹名称只写杆塔号或区段号，不写线路名称。缺陷图像不建立第五级文件夹，直接在第四级文件夹下存放缺陷图像，如图4-5所示。

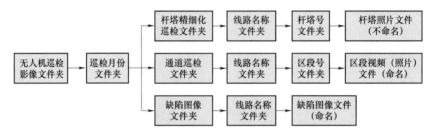

图4-5 无人机巡检影像存储文件关系

1）无人机巡检作业人员应及时对采集的影像进行整理和归档，尽可能做到当天采集当天整理。

2）巡检影像整理分析后，应按照线路名称、杆塔号（区段号）进行编号，单独列出并命名、标记缺陷图像，并填写无人机巡检作业清单。

3）若发现危急缺陷，应在无人机巡检作业清单中缺陷具体描述里面用红色字体标注。

4）在第五级文件夹中，杆塔本体巡检照片不命名；线路通道巡检与该文件夹同时以区段号命名。

5）对于发现缺陷的图片，应保持原文件不动，复制一份单独进行标记并命名。对于发现缺陷的视频，应将该视频有缺陷图像的画面截图进行标记并命名。

6）缺陷标记时应用醒目颜色圆圈圈出缺陷部位，不在图上对缺陷进行描述。

7）对于缺陷图像，进行规范化命名后，缺陷图片保存在缺陷图像文件夹中。

（2）线上管理。

建设巡检影像数据管理平台，该平台集数据在线下载、实时回传、云端存储与缺陷智能识别分析等功能为一体，实现对海量无人机巡检影像进行线上存储、管理、查询、缺陷检测及报表等功能，并对缺陷或隐患图片进行规范的分类分级存储，为搭建增量式的深度学习训练环境、缺陷智能识别算法训练与验证奠定基础，而且可以融合电网运检信息，为开展多系统、多源数据融合与深度挖掘应用提供数据支撑。

巡检影像数据管理平台需具备图片目录树管理、图像数据导入与预览、缺陷数据标记与管理、影像自动归类、数据查询与显示、数据接口、账户管理等功能。无人机巡检影像数据管理平台的影像自动归类是结合了多种技术手段实现的。首先，通过先进的图像识别技术，平台能够自动对无人机拍摄的影像进行分类。通过对影像中的特征进行提取和比对，将相似的影像归为同一类别。其次，深度学习模型在影像分类中发挥了重要作用。平台利用深度学习模型对影像数据进行训练和学习，不断提高分类的准确性和效率。通过不断优化模型参数，提高模型的分类性能。此外，平台还建立了专门的数据库，用于存储和管理影像数据。通过数据库的索引和查询功能，实现对影像数据的快速检索和分类。最后，平台采用自动化工作流程，对影像数据进行自动处理和分类。

巡检影像数据管理平台建设资源包括储存服务器（服务器集群）、应用服务器（服务器集群）、数据库软件系统等。其中，应用端通过账号登录后，可批量导入图片并进行重命名；由应用端导入的图片在云端进行读取、存储，提供数据备份恢复功能，并可通过接口与智能识别云平台进行互通，为智能识别算法训练、识别验证提供数据支撑；应用服务器负责承载图片数据和数据检索查询等数据服务功能。巡检影像数据管理平台应用逻辑框图如图 4-6 所示。

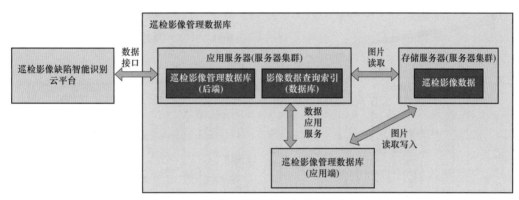

图 4-6　巡检影像数据管理平台应用逻辑框图

2. 规范化命名与标注

（1）规范化命名。

对于获取的巡检图像/视频数据，可采用专业数据库管理软件进行自动重命名，若条件不具备也可采用手动重命名。

1）自动重命名。对于巡检图像数据，可采用专业数据库软件，批量添加标签信息并进行重命名，内容至少包括电压等级、线路名称、杆塔号、巡检时间和巡检人员。若是无人机自主巡检在固定距离和角度自主拍摄的巡检影像，宜记录拍摄位置坐标、拍摄距离、拍摄角度、相机焦距、目标设备成像角度和光照条件等信息。

对于巡检视频文件，需截取关键帧另存为"jpg"格式图像文件，批量添加标签规则相同。缺陷图像重命名时，要求清楚描述缺陷部位和类型。

2）手动重命名。若不具备巡检图像数据库管理软件，作业员应从无人机存储卡中导出图片或视频，选择当次任务数据，批量添加"电压等级""线路名"信息，并备注当次任务的巡检时间、巡检人员信息。之后根据当次任务的起止杆塔号，将巡检数据与杆塔逐基对应，并将数据保存至本地规范存储路径下。清楚描述存在缺陷的图片或视频的缺陷部位和类型后另存到缺陷图像存储路径下。

对于缺陷图片命名规则为"电压等级+线路名称+缺陷位置+缺陷描述+该图片原始名称（该图片所在视频新名称）"，如对 10kV××线××号原始名称为"DSC00181"的图片发现的缺陷命名为"10kV××线××号中相引流导线断股–DSC00181",对在 10kV××线"××–××"区段视频中发现的 10kV××线××–××号线下施工缺陷命名为"10kV××线××–××号线下施工–××–××"。

（2）数据标注。

为开展无人机巡检影像人工智能识别算法训练，需对巡检设备拍摄的巡检图像及视频截取帧图像中的所有目标设备进行标注。当前，基于深度学习的智能识别算法大部分都是有监督的学习，所谓有监督学习是能从标签化训练数据集中推断出目标函数的机器学习任务的学习方法。标签化训练数据集的规模越大、多样性越强、标注越准确，则最终的训练模型泛化性越强。

完整规范的样本库是开展巡检图像人工识别处理技术的前提，大量、规范、完整的图片标注数据是人工智能识别工作的数据基础，是识别效果得到提升的根本所在。编制巡检影像标注规范，统一影像标注与入库，为人工智能识别算法训练、识别效果验证测试奠定数据基础，巡检影像标注与应用工作示意图如图 4-7 所示。

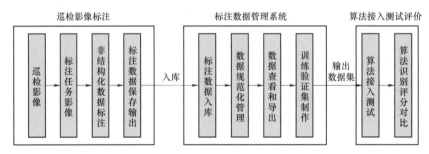

图 4-7 巡检影像标注与应用工作示意图

用户可采用专业软件，用矩形框标注出图片中缺陷设备部位的准确位置，并采用标签形式记录设备部件组合关系等关系信息，对标注的缺陷填写缺陷属性信息，记录时参考 PASCALVOC 数据集格式，采用标准的 xml 标注文件记录标注数据。用户对缺陷设备部件标注时，需量化分类标准中的语义信息，根据任务需求设计不同的标注规则。影像标注示例如图 4-8 所示。

图 4-8 影像标注示例

3. 影像管理数据库

利用累计历年的输配电无人机设备本体巡检、通道环境状态巡检作业数据，克服传统的巡检数据质量不高、数据管理过于依赖人工、数据共享性差等问题，构建巡检影像管理数据库，实现对海量无人机巡检影像进行存储、管理、查询、缺陷检测及报表等功能。并通过对缺陷或隐患图片的规范分类分级存储，不仅为搭建增量式的深度学习训练环境、缺陷智能识别算法训练与验证奠定基础，而且还通过融合电网运检信息，为开展多系统、多源数据融合与深度挖掘应用提供数据支撑。

4. 可见光影像人工智能识别

在建立无人机巡检图像和缺陷样本数据库的基础上，研究电网典型设备图像信息及典型缺陷数据的提取方法，建立基于深度学习的巡检图像缺陷定位与智能识别算法，实现输配变设备缺陷及通道环境隐患的智能识别。

在神经网络架构方面，目前应用较多的是采用了算法迭代效率较高的 TensorFlow 框架，但其存在接口通用性较差，需要自主二次开发的问题。

在特征提取与识别算法方面，近些年来基于深度学习的目标检测算法取得了很大突破，比较流行的算法可以分为两大类：一类是基于区域提名的目标检测算法，被称为 Two-Stage 目标检测算法，由 RegionProposal 算法生成一系列的样本作为候选框，再通过卷积神经网络对样本进行分类；第二类是 One-Stage 目标检测算法，不用产生候选框，直接将目标边框定位的问题转换为位置的回归问题。两类方法的差异导致性能也有差异，前者在分类准确率和定位精度上占优势，后者在运行速度上有优势，两类目标检测网络架构示意图如图 4-9 所示。

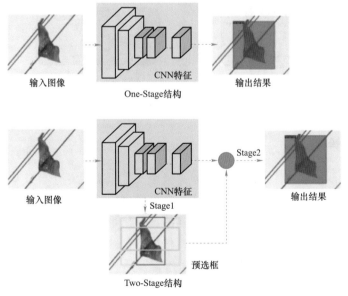

图 4-9　两类目标检测网络架构示意图

目前，对于对缺陷隐患定位、识别精度要求较高的领域，主流的是 R-CNN 系列、R-FCN 等 Two-Stage 目标检测算法，应用较多的是 Faster-RCNN 算法，FasterR-CNN 与 FastR-CNN 最大的区别是提出了一个叫 RPN（Region Proposal Networks）的网络，专门用来推荐候选区域。FasterR-CNN 由四个部分组成。

现有的 Faster-RCNN 是一个成熟稳定的计算框架，在检测速度与准确度要求二者之间取得了较好的平衡，结合 GACD 与迁移学习技术，可实现巡检无人机图像中设备典型缺陷自动诊断判定。但深度神经网络架构较复杂、技术路线分支较多，还需在深入掌握深度神经网络架构原理、理解核心参数意义的基础上，针对不同缺陷类型特点，优化调整技术路线和计算策略，优化完善算法。

目前，无人机巡检影像人工智能识别算法实用化水平有待提升。为进一步提高人工智能识别算法的识别发现率、降低误报率和漏检率等算法识别效果，攻克大数据分布式训练和交互审核技术难题，制定人工智能识别算法量化评价规则，统一算法评价，建设公平、开放、灵活、高效的巡检影像人工智能识别分布式训练与验证云平台，接入经测试验证识别效果较好的各类算法，实现算法远程训练、缺陷智能识别、人工交互审核及在实际应用中算法识别效果提升等功能，逐步构建算法"推广应用、滚动提升、效益共享"的应用生态链，实现人工智能识别技术实用化。

无人机巡检影像人工智能识别云平台的架构关系如图 4-10 所示。

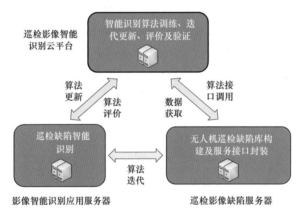

图 4-10　无人机巡检影像人工智能识别云平台架构关系示意图

4.2.2　红外数据管理

目前，输配变设备零部件发热测温，通常采用无人机搭载红外测温设备或手持红外测温仪完成，数据格式均来自设备输出默认格式。红外数据分析人员根据设备缺陷定级标准，结合设备红外数据处理情况，确定产生发热缺陷的部位，形成缺陷图片，对图片进行结构化命名，命名包括供电局、电压等级、线路名称、杆塔号、缺陷描述、原始缺陷图片编号等，例如××单位 500kV××线 N×× 左相大号侧压接管发热××℃（温差××℃），最后汇总缺陷信息形成完整的红外分析报告，命名示例：××单位　500kV××线_N××-N××多旋翼无人机红外测温巡检报告。

未来，随着机器学习技术在电网运行中的不断应用，输变电设备缺陷智能识别也成为可能。基于结构化大数据平台，以设备台账为基础，以输变电专业类别为数据单元，建设设备组件库和缺陷库，自动进行红外缺陷命名、自动结合三相测温情况、绘制零部件红外温度曲线、历史对比曲线等，逐步将输变电设备三维点云模型、可见光图像、红外测温数据融合应用，建成输变电设备健康状态评价综合应用模型。

4.2.3　点云数据管理

点云数据主要分为激光点云和可见光点云两类，电网企业主要应用点云数据进行通道三维数字化建模。激光点云是一种通过高频次的激光雷达测距高效获取的地面三维信息，其数据处理后可以进行距离量测，精度达到毫米级别。可见光点云是一种通过采集影像获取的地面三维信息，可以只利用普通的相机较快开展大范围区域可见光点云采集，精度在米级，基本满足工程应用。

从点云数据历史对比、拓展应用、大数据对比等智能应用的需求，激光点云数据保存周期一般为 1 年，可见光点云数据保存周期一般为 2 年。输电配电线路数据范围一般为线路通道两侧各向外延伸 10～20m。

1. 统一数据格式

激光点云和可见光点云主要展示方式包括激光点云数字高程模型和可见光数字正射影像，具体点云数据格式如下：

（1）存储管理内容。

作业信息：用于机巡作业现场工作的管理信息文件。

导入数据：机巡现场作业前导入飞机巡检系统的数据文件。

输出数据：机巡现场作业和后续数据分析所产生的数据文件。

巡检报告：数据分析所形成的巡检报告文件。

（2）数据格式。

激光点云相关数据格式见表 4-1。

表 4-1　　　　　　　　　　　激光点云相关数据格式

序号	内容	文件类型	文件格式	说明
1	作业信息	现场作业指导书	pdf	文件扫描版
2		现场勘察记录单	pdf	文件扫描版
3		工作单（票）	pdf	文件扫描版
4		无人机巡检系统使用记录单	pdf	文件扫描版
5		现场签证单	pdf	文件扫描版
6		其他	自定义	
7	导入数据	线路台账信息（含坐标）	csv	
8		作业人员信息	csv	

序号	内容	文件类型	文件格式	说明
9	导入数据	缺陷部位相位及方向信息	csv	
10		风险点信息	csv	
11		其他	自定义	
12	输出数据	激光点云	las	las 文件版本号为 1.1 及以上版本。激光点云应剔除噪声，对输电配电线路、地物等进行分类。若同步获取通道走廊正射影像数据，数据中应包含 RGB 彩色点云信息；激光点云数据地理参考采用 WGS-84 坐标系，UTM 投影，按 6°分带
13		可见光照片	jpg	有效像素大于或等于 1200W，包含经纬度坐标信息
14		数字高程模型	GeoTiff	数字高程模型数据地理参考采用 WGS-84 坐标系，UTM 投影，按 6°分带
15		数字正射影像	GeoTiff	数字正射影像地理参考采用 WGS-84 坐标系，UTM 投影，按 6°分带
16		时间同步信息	ts	
17		系统操作信息	csv	
18		其他	自定义	
19		放弃飞行、数据无效等信息	txt	
20	巡检报告	巡检报告	doc	由作业管理系统自动生成、保存
21		缺陷图片	jpg	由作业管理系统自动保存
22		隐患图片	jpg	由作业管理系统自动保存

2. 点云数据处理应用

激光点云数据处理主要根据需求生成数字高程模型，结合输配变专业三维点云数据模型，再匹配巡视计划、可见光、红外测温、缺陷报告、消缺闭环等数据，建成输配电线路数字化通道，开展通道内高大树木、边坡等特殊区域树木倒伏安全距离检测分析，模拟电网多任务状况条件下导线弧垂变化，进行缺陷、隐患预测。

（1）输配变工程仿真设计。

建立输配变三维点云数据模型应用可以模拟仿真现场情况，用户可以直观、清楚地看到整个输电配电架空线路的分布和走向及变电站内部环境，对于输配电专业的线路规划改造可以提供直观的帮助，可以清楚地查看旧线路的走向，线路信息以及负荷等情况，更加准确直观地进行线路规划。对于故障定位检修也可起到辅助作用，在发生停电故障时，电力抢修人员可以在系统中根据故障信息定位到故障点，可以清楚地查看该区域的输配变设备运行状态，制订抢修计划和临时供电方案，这样不仅提高了工作效率，也大大节省了工作成本。

（2）基于三维模型的输配电通道可视化管理。

可见光点云通过软件进行复杂的立体计算完成地形地貌的三维还原和测量工作，结合立体成像的原理，通过人工辅助可以还原导线位置信息，然后匹配巡视计划、可见光、红外测温、缺陷报告、消缺闭环等数据，建成输电配电线路数字化通道。同时开展通道内高大树木、边坡等特殊区域树木倒伏安全距离检测分析，不过距离精度稍差。

三维点云模型有高精度地理坐标信息，可以通过软件或系统工具完成实时距离测量，掌握架空线路对通道植被、建筑、道路、通信线路等交叉跨越物的净空距离，掌握线路运行安全距离情况，提前掌握关注区段距离信息。运行环境，为迎风度夏、冬季覆冰及防风、防汛工作做好准备。三维模型输电配电应用示例如图 4-11 所示。

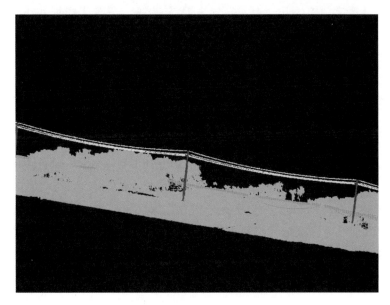

图 4-11　三维模型输电配电应用示例

（3）输配变无人机航线规划。

基于高精度三维点云数据，依据特定的拍摄规则（部位+顺序+视角+安全约束），以高效的空间几何算法为支撑，通过少量人工干预，为输电配电线路、变电站自主本体巡检自动生成并输出巡检航线文件。可用于无人机对输配变设备本体及通道环境的自主巡检。到作业现场一键操作完成起飞巡检，高效完成现场巡检作业，大大降低人工劳动强度。输配变设备自动巡检应用已经初具规模，随着无人机、传感器的不断深入成熟研发，将形成全面大规模应用。同时，随着图像传输、数据传输技术的发展，应用无人机对现场作业实时监控，将智能勘灾场景下现场画面实时回传，形成高效的智能运检新模式，输变电无人机航线规划如图4-12所示。

图4-12　输变电无人机航线规划

（4）输配变无人机航线管理。

点云数据在输配变无人机航线管理中具有重要作用。通过对输电配电设备进行点云扫描，可以得到三维点云数据并生成数字化模型，从而实现了对输电配电设备的数字化建模和三维重建。这个数字化模型可以帮助无人机确定航线，在航线规划和飞行过程中起到关键作用。同时，通过对点云数据的处理和分析，可以实现输电配电设备的智能检测和安全识别。此外，点云数据还可以为无人机航线规划提供依据，实现精准飞行监控和航线管理，提高飞行效率和安全性。因此，点云数据在输配变无人机航线管理中发挥着重要的作用，为无人机实现精确航线规划和飞行监控提供了关键支持，同时也提高了飞行效率和安全性。

4.3　电网设备无人机自动机场典型管控平台示例

无人机自动机场管控平台需基于业务开展方总体系统架构和业务应用场景进行定制开发，目前市场上自动机场厂家配套的监控应用系统相对功能单一，没有结合终端客户的业务需求，不利于自动机场各业务场景的深化应用管控，本章节基于国家电网公司设备部信息化系统总体架构，支撑电网设备业务开展需求，简述电网设备巡检无人机自动机场典型管控平台应用示例。

4.3.1　功能应用

1. 数据总览

以三维地图为基底，展示自动机场经纬度坐标信息及相应的行政区域，动态展示机场的设备信息和巡检覆盖范围，如图 4-13 所示。可在地图上展示所有正在作业机场的位置信息，并展示作业清单、队列清单以及巡检类型；展示自动机场的工作状态，各机场的基本信息、机场内外的视频数据，以及远程遥控机场。

图 4-13　机场巡检智能管控平台

2. 基础数据

台账数据包括电网设备台账和巡检装备台账两部分，对各业务单位所管辖的线路台账进行维护，通过与国网设备部相关系统贯通，实现台账数据的自动更新。

巡检装备台账可选择自建台账展示台账列表，支撑查看具体设备厂家信息、设备参数信息及服务状态信息。

人员管理主要包括作业任务执行人员和相关的作业审批人员，同时支持根据业务开展所需的航线数据进行管理，线路台账管理界面如图 4-14 所示。

3. 巡检管理

巡检管理包括计划管理、工单管理、巡检结果管理三部分内容。

（1）计划管理分为年度计划、月度计划、临时计划，可新增计划信息，对计划内容进行审核，如图 4-15 所示。

图 4-14 线路台账管理界面

图 4-15 计划管理界面

（2）工单管理可根据计划内容进行新建工单，对已下发工单提供执行情况、巡检数据等内容进行查看，如图 4-16 所示。

图 4-16 工单管理界面

（3）对巡检结果进行管理，页面默认展示当前角色权限内全部工单结果数据列表，对缺陷的结果进行统计展示，基于巡检数据，生成缺陷影像库，为后续工作提供支撑；依据巡检数据，生成巡检作业报告，如图 4-17 所示。

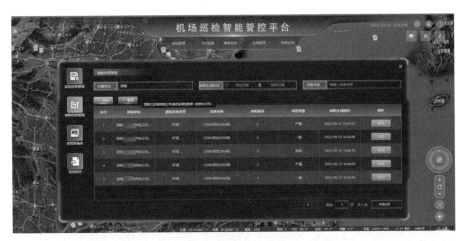

图 4-17　巡检成果界面

在系统中上传本地图片附件，系统自动调用非结构化平台接口，将图片附件存储到非结构化平台，机场巡检系统调用人工智能平台接口，将图片存储地址信息推送至人工智能平台。人工智能平台根据图片存储地址，获取存储到非结构化平台的图片附件，进行算法识别，并推送算法识别进度到机场巡检系统，如图 4-18 所示。

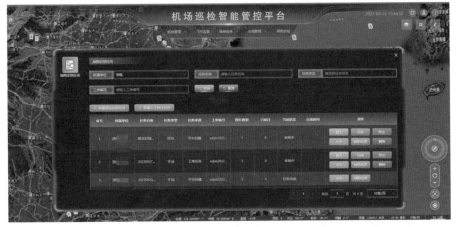

图 4-18　缺陷识别界面

4. 飞行监管

运维人员可远程实时查看机场、无人机、挂载的运行状态同时可以实时显示无人机巡检视频和实时控制无人机。无人机完成作业后，自动返航，可以在起降平台上实现无人机精准起降，自动机场自动给无人机进行充电操作，同时无人机可在站内进行数据上传。

5. 维修保养

基于设备健康监测进行无人机维修保养，提供机场设备及无人机设备维保功能，备品备件功能页面对无人机的备品备件相关数据进行统计。

6. 空域管理

用户登录到系统中，选择空域管理，展示空域信息列表，对空域申请信息进行审核，如图 4-19 所示。

图 4-19 无人机空域管理界面

7. 网格巡检

基于无人机全局设备巡检数据及空间大数据分析技术，结合巡检网格分布情况、设备巡检频次、无人机续航半径等要素，通过蚁群算法实现各专业航线碎片重组与巡检消耗资源预测，最终直观可视地输出模拟最优巡检路径以及巡检任务所需的人员、无人机、电池、时间等资源量，按照巡检任务优先级要求依次排序，自主决策并生成巡检路线和控制策略，如图 4-20 所示。

8. 三维管理

机场巡检智能管控平台对点云数据处理色彩进行了优化，且速度较同类型厂家提升 50%以上。

（1）三维量测应用。

基于三维技术，将构建后三维模型进行模型展示，并可通过三维平台实现对地形、地貌、地物、通道、杆塔、线路进行角度量测、空间量测、水平量测、垂直量测、平面面积量测等应用。

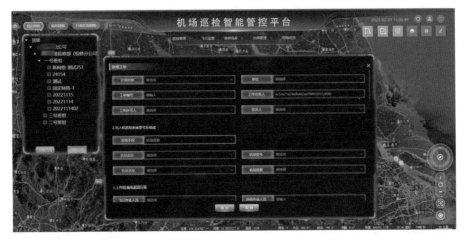

图 4-20　网格巡检界面

（2）通道环境应用。

通过三维方式查看到无人机所采集到的架空线路 360°全景、精细化照片、通道照片、红外照片（柱上变压器、带负荷柱上开关、隔离开关、断路器、跌落式熔断器等）等。达到工作人员不用实地勘察通过三维模型可清晰地了解到线路通道及地形、地貌、地物、杆塔位置、线路等信息的目的，基于三维通道环境进行通道风险预判、预警应用，提高线路巡检的可观性，提升工作质效。

（3）隐患管理。

在三维地图上动态展示所有当下有隐患的线路杆塔设备，可与"巡检成果-缺陷成果管理"联动展示，形象展示所有隐患设备信息。

（4）交跨点分析。

提供线路交跨点三维地图可视化展示，检测交叉跨越点所在的杆塔区间、坐标、类别、与电力线的距离等信息，并显示在危险点列表中。可以逐一选取每个交叉跨越点在三维场景中所在的位置，并显示该点与电力线之间的距离。

（5）树障分析。

支持查看树障缺陷信息并在地图上进行定位。预测的树木生长和倒伏危险点所在的杆塔区间、坐标、类别、与电力线的距离等信息。

4.3.2　平台体系

1. 功能架构

无人机机场智能管控平台由感知层、网络层、平台层及应用层四部分组成。

感知层：感知层主要为前端巡检无人机，巡检无人机所采集的数据包括巡检图像数据及巡检采集的其他相关数据。

网络层：主要完成内外网交互，通过内外网网络隔离装置及防火墙完成数据贯通。

平台层：提供无人机机场管控及机场云计算服务，无人机机场管控主要完成基础管理，以及工单计划管理、数据采集管理等，机场云平台融合缺陷自主分析人工智能识别算法库等，完成平台一体化管控。

应用层：平台提供服务接口管理，采用微服务功能模块的方式向系统外提供数据或服务支撑。

无人机机场智能管控平台功能体系架构如图4-21所示。

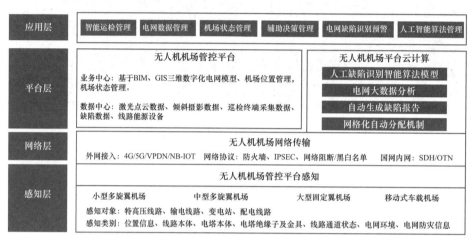

图4-21 无人机机场智能管控平台功能体系架构

2. 数据传输

平台可根据不同应用场景制定飞巡任务，针对业务场景实现不同飞行方式和采集方式，由综合管控平台统一调配指挥，实时获取图像、视频数据。站端自动机场管控系统通过内网接入，实现无人机机场与省公司无人机管控平台等系统数据对接，融合缺陷人工智能识别算法仓库，实现巡检作业任务管理、巡视过程监管、采集数据实时图传、通道缺陷自主识别、缺陷预警上报业务全流程贯通，构建航线管理、自主采集、智能识别和缺陷处理的一站式智能化巡视体系，如图4-22所示。

图4-22 无人机机场及机场管控平台数据内外网传输示意图

4.3.3　软件部署

遵循国家电网设备部 PMS3.0 系统总体三层四区的业务架，机场管控平台采用微服务方式进行部署，部署在管理信息大区云端。本平台为省级一级部署，各地市共享。

管理信息大区与技术中台和业务中台对接，获取地图、视频、台账数据、业务流程等信息。

平台根据用户所属单位的专业领域区分其数据权限查看权限，根据用户的业务角色划分来确定用户的业务流程处理、审批等权限，如图 4-23 所示。

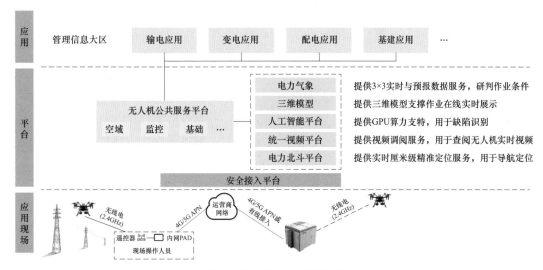

图 4-23　软件部署架构图

4.3.4　平台应用模块

1. 机场远程控制

（1）无人机远程控制。

无人机机场可以实现对无人机的远程控制，针对不同应用场景制定巡飞任务，远程监视无人机和自动机场进行自动飞行作业，并可切换手动控制模式，巡检人员可通过对无人机下达任务指令，实现无人机自主巡检作业。

（2）状态实时监控。

运维人员可远程实时查看无人机机场的运行状态，同时可以实时显示无人机巡检视频和实时控制无人机。无人机完成作业后，自动返航，可以在起降平台上实现无人机精准起降，自动机场自动给无人机进行充电操作，同时无人机可在站内进行数据上传。

（3）巡检控制功能。

平台支持任务规划功能，可对起降方式、飞行速度以及航点信息等进行设置。

平台支持远程手动、全自主模式，两种控制模式可相互切换。

无人机一键返航控制：在启动该功能后，无人机应立即终止当前任务并返航。

飞行区域限制功能：可设置允许无人机飞行的安全区域范围，在航线规划时，可对超出范围的飞行航线发出报警提示；在飞行过程中，当无人机接近限飞区域或禁飞区域范围时可在地面站或遥控手柄上发出报警提示，且有防止飞越措施。

环境感知与控制功能：系统实时监测自动机场周围气象状态，天气异常时禁止执行任务或立即取消任务并返航，以确保安全飞行。

断点续飞功能：无人机在巡检过程中，因异常情况中断任务并返航后，可重新起飞，从断点继续执行巡检任务。

平台可实现对自动机场固件远程升级的功能，在机场开放该接口时可以对自动机场所配套的无人机固件进行远程升级。

2. 航线规划管理

基于高精度三维点云模型，进行无人机自动巡检航迹设计，航点规划人员通过结合三维模型杆塔、线路实际位置和地形、地貌、地物等情况，对整体的航线进行规划，并将航线信息与台账关联，形成自主飞行航线库，上传至管控平台，通过管控平台统一下发，即可直接精准执行相关航线规划。

3. 缺陷自主分析

基于现有的缺陷知识图谱，主动分析上报异常信息，自动定级缺陷及隐患，智能预警设备异常。基于电网资源业务中台，分析识别设备劣化趋势，捕捉预判设备隐患缺陷，生成设备应急处理方案、提供检修辅助决策建议，形成差异化检修策略，主动推送预警信息至现场运维人员，开展设备异常状态现场确认，通过照片、视频和带电检测数据等形式返回确认结果，并完成现场闭环处置。

第5章
电网设备无人机自动机场巡检
应用场景及策略

无人机自动机场巡检在电力行业具有重要意义。传统的人工巡检方式通常需要大量人力和时间投入，而且存在一定的安全风险。然而，随着无人机技术的快速发展，无人机巡检已经成为一种高效、安全且可靠的替代方案。无人机巡检的应用场景非常广泛，主要包括输电线路巡检、杆塔巡检、绝缘子检测、线路巡视与测绘以及环境监测等方面。这种自动化技术将对电力行业的安全运行和可持续发展产生积极影响。

5.1 电网设备无人机自动机场巡检策略研究

5.1.1 输电线路巡检策略

1. 输电线路本体巡检

输电线路本体巡检通过采集杆塔地理坐标、高度等信息，自动确定机场布点的位置，制定科学合理的巡视路径，生成自动机场无人机巡检航线。通过采集杆塔的空间坐标信息可以计算目标区域在四个方向上的距离、高度以及云台的俯仰角等参数，完成杆塔的360°环绕精细化拍摄。

输电线路本体巡检的具体内容遵循表5-1所列的要求，其巡检周期一般划分为3类，分类标准及相应的巡视周期按以下原则确定，并可依据设备状况及外部环境变化进行动态调整。

表 5-1 输 电 线 路 本 体 巡 检

拍摄部位		拍摄重点
直线塔	塔概况	塔全貌、塔头、塔身、杆号牌、塔基
	绝缘子串	绝缘子
	悬垂绝缘子横担端	绝缘子碗头销、保护金具、铁塔挂点金具
	悬垂绝缘子导线端	导线线夹、各挂板、联板等金具
		碗头挂板销
	地线悬垂金具	地线线夹、接地引下线连接金具、挂板
	通道	小号侧通道、大号侧通道

拍摄部位		拍摄重点
耐张塔	塔概况	塔全貌、塔头、塔身、杆号牌、塔基
	耐张绝缘子横担端	调整板、挂板等金具
	耐张绝缘子导线端	导线耐张线夹、各挂板、联板、防振锤等金具
	耐张绝缘子串	每片绝缘子表面及连接情况
	地线耐张（直线金具）金具	地线耐张线夹、接地引下线连接金具、防振锤、挂板
	引流线绝缘子横担端	绝缘子碗头销、铁塔挂点金具
	引流线绝缘子导线端	碗头挂板销、引流线夹、联板、重锤等金具
	引流线	引流线、引流线绝缘子、间隔棒
	通道	小号侧通道、大号侧通道

2. 输电通道巡检

输电通道巡检针对线路通道环境开展的巡视工作，旨在及时发现线路通道中的安全隐患。应根据线路通道内树竹生长情况、建筑物分布、地理环境特点、特殊气候特征以及跨越铁路、公路、河流、电力线等详细情况进行分析。对于重要线路或特殊区段，应优先安排巡检工作。根据不同状况选择不同的机场、机型、载荷、设备和相应匹配的巡检方式，关于输电通道巡检的具体内容详见表5-2。

表5-2　　　　　　　　　　输电通道巡检

巡检对象		检查线路本体、通道及电力保护区有无以下缺陷、变化或情况
线路本体	杆塔基础	明显破损等，基础移位、边坡保护不够等
通道及电力保护区	建（构）筑物	有违章建筑
	树木（竹林）	有新栽树（竹）
	施工作业	线路下方或附近有危及线路安全的施工作业等
	火灾	线路附近有烟火现象，有易燃、易爆物堆积等
	交叉跨越变化	出现新建或改建电力、通信线路、道路、铁路、索道、管道等
	防洪、排水、基础保护设施	大面积坍塌、淤堵、破损等
	自然灾害	地震、山洪、泥石流、山体滑坡等引起通道环境变化
	道路、桥梁	巡线道、桥梁损坏等
	污染源	出现新的污染源
	采动影响区	出现新的采动影响区、采动区出现裂缝、塌陷对线路影响等
	其他	线路附近有危及线路安全的漂浮物、采石（开矿）、藤蔓类植物攀附杆塔

5.1.2 变电站巡检策略

1. 变电站本体巡检

无人机采用自动机场布置，可实现自动起飞、精准降落、自动飞行和自主作业等功能。变电站本体巡检多采用中小型多旋翼无人机，其具备良好的机身绝缘性能、出色的避障能力、高精度的 RTK 定位、稳定的飞控系统以及抗电磁干扰能力等特点，能够满足变电站高、中、低层巡视点密集的飞行需求，同时可以覆盖户外设备例行巡视范围和常规人工巡视盲点。无人机巡检的自主规律性功能主要依靠机器自身视觉、无线通信和人工智能等先进技术实现，进一步提升了变电智能巡检的自动化水平。无人机巡检内容包括但不限于表 5-3 所列内容。

表 5-3　　　　　　　　　　　变电站无人机本体巡检

序号	巡视对象	内容描述
1	构支架	本体变形、倾斜、严重裂纹、异物搭挂；钢筋混凝土构支架两杆连接抱箍横梁处锈蚀、连接松动、外皮脱落、风化露筋、贯穿性裂纹
2	设备金具	线夹断裂、裂纹、磨损、销钉脱落或严重腐蚀；螺栓松动；金具锈蚀、变形、磨损、裂纹，开口销及弹簧销缺损或脱出，特别要注意检查金具经常活动、转动的部位和绝缘子串悬挂点的金具
3	绝缘子及绝缘子串	绝缘子与横担担脏污、瓷质裂纹、破碎，绝缘子铁帽及钢脚锈蚀、钢脚弯曲；合成绝缘子伞裙破裂、烧伤，金具、均压环变形、扭曲、锈蚀等异常情况；绝缘子与构支架横担有闪络痕迹和局部火花放电留下的痕迹；绝缘子串、绝缘横担偏斜；绝缘子槽口、钢脚、锁紧销不配合，锁紧销子退出等
4	避雷器	引流线松股、断股和弛度过紧或过松；接头松动、变色。均压环位移、变形、锈蚀，有放电痕迹。瓷套部分有裂纹、破损，防污闪涂层破裂
5	电流互感器	油浸式电流互感器的油位异常、膨胀器变形；一次侧接线端子接触松动；金属外壳锈蚀现象；引线断股、散股
6	母线	异物悬挂；外观破损，表面脏污，连接松动；母线表面绝缘包敷松动、开裂、起层或变色；引线断股、松股，连接螺栓松动脱落
7	主变压器	套管外部破损裂纹、严重油污、有放电痕迹及其他异常现象；油枕、套管及法兰、阀门、油管、气体继电器等各部位渗漏油；存在异物
8	电压互感器	外绝缘表面裂纹、放电痕迹、老化迹象，防污闪涂料脱落。各连接引线及接头松动、变色迹象
9	接闪杆	接闪杆本体歪斜、锈蚀、塔材缺失、脱落；接地引下线锈蚀、断落；接闪杆无编号、法兰螺栓松动、锈蚀；接闪杆基础破损、酥松、裂纹、露筋及下沉
10	周边隐患、站房顶面	周边 500m 内存在气球广告，庆典活动飘带、横幅；存在大块塑料薄膜、金属飘带等易浮物的废品收购站、垃圾回收站、垃圾处理厂；没有有效固定措施的蔬菜大棚塑料薄膜、农用地膜、遮阳膜；周边有可能造成变电站围墙倒塌、变电站整体下沉、杆塔倒塌的开挖作业；站房顶面开裂、积水、杂物堆积

2. 变电站周边巡检

在变电站安全监管职责内，传统监控摄像头存在受自然条件和安装位置限制较大、视角死角和盲区较多等缺陷。因此，通过自动机场无人机进行变电站外部的日常巡视，在全方位巡检厂区的同时，可以快速发现潜伏的安防威胁等不利因素，及时查核并采取消除隐患的应对措施。

利用自动机场可对变电站厂区进行绕站飞行，利用丰富的功能拓展模块如变焦摄像头、喊话器等可对厂区进行站外高空远距离巡检，变电站周边日常巡视如图 5-1 所示。

图 5-1　变电站周边日常巡视

5.1.3　配电线路巡检策略

1. 配电线路本体巡检

采用装载可见光与红外载荷设备的自动机场，以杆塔为单位，通过机场调整巡检无人机位置和镜头角度，对架空线路杆塔本体、导线、绝缘子、拉线、横担金具等组件以及变压器、断路器、隔离开关等附属电气设备进行多方位图像信息采集，具体内容详见表 5-4。

巡检按照大、小号侧顺序沿线路方向进行，距杆塔及附属设备的空间距离不小于 3m，巡检飞行高度宜与拍摄对象等高或不高于 2m，镜头按照先面向大号侧，再面向杆塔顶部，最后面向小号侧顺序拍摄，先左后右，从下至上（对侧从上至下），呈倒 U 形顺序拍摄。在接近杆塔时，拍摄速度不应超过 1m/s，必要时可在杆塔附近悬停，当下端部件视角不佳或无法清晰观察时，可适当下降高度或调整镜头角度，使镜头在稳定状态下进行拍照、录像，确保数据的有效性和完整性。

表 5-4　　　　　　　　　　　　配电本体巡检

巡检对象		检查线路本体、附属设施、通道及电力保护区有无以下缺陷、变化或情况
线路本体	地基与基面	回填土下沉或缺土、水淹、冻胀、堆积杂物等
	杆塔基础	明显破损、酥松、裂纹、露筋等，基础移位、边坡保护不够等
	杆塔	杆塔倾斜、塔材严重变形、严重锈蚀，塔材、螺栓、脚钉缺失、土埋塔脚等；混凝土杆未封杆顶、破损、裂纹、爬梯严重变形等
	接地装置	断裂、严重锈蚀、螺栓松脱、接地体外露、缺失，连接部位有雷电烧痕等
	拉线及基础	拉线金具等被拆卸、拉线棒严重锈蚀或蚀损、拉线松弛、断股、严重锈蚀、基础回填土下沉或缺土等
	绝缘子	伞裙破损、严重污秽、有放电痕迹、弹簧销缺损、钢帽裂纹、断裂、钢脚严重锈蚀或蚀损、绝缘子串严重倾斜
	导线、地线、引流线	散股、断股、损伤、断线、放电烧伤、悬挂漂浮物、严重锈蚀、导线缠绕（混线）、覆冰等
	线路金具	线夹断裂、裂纹、磨损、销钉脱落或严重锈蚀；均压环、屏蔽环烧伤、螺栓松动；防振锤跑位、脱落、严重锈蚀、阻尼线变形、烧伤；间隔棒松脱、变形或离位、悬挂异物；各种连板、连接环、调整板损伤、裂纹等
附属设施	防雷装置	破损、变形、引线松脱、烧伤等
	防鸟装置	固定式：破损、变形、螺栓松脱等。活动式：褪色、破损等。电子、光波、声响式：损坏
	各种监测装置	缺失、损坏
	航空警示器材	高塔警示灯、跨江线彩球等缺失、损坏
	防舞防冰装置	缺失、损坏等
	配电网通信线	损坏、断裂等
	杆号、警告、防护、指示、相位等标志	缺失、损坏、字迹或颜色不清、严重锈蚀等

2. 配电通道巡检

采用自动机场对配电架空线路通道以及线路周围环境进行图像信息采集，具体内容详见表 5-5。

机场控制巡检无人机处于线路正上方，按照大、小号侧顺序沿着线的方向（若有分支线路，则先拍摄分支线路，再拍摄主线路），可见光镜头以大约 30°的俯视角度拍摄架空通道以及线路周围环境内照片。这些照片应包含当前杆塔至下一个基准杆塔通道内的可见光图像，并能清晰完整呈现杆塔通道的情况，如建筑物、树木（毛竹）、交叉、跨越等通道情况。

表 5-5 配 电 通 道 巡 检

巡检对象		检查线路本体、附属设施、通道及电力保护区有无以下缺陷、变化或情况
通道及电力保护区（外部环境）	建（构）筑物	有违章建筑等
	树木（竹林）	有近距离栽树等
	施工作业	线路下方或附近有危及线路安全的施工作业等
	火灾	线路附近有烟火现象，有易燃、易爆物堆积等
	防洪、排水、基础保护设施	大面积坍塌、淤堵、破损等
	自然灾害	地震、山洪、泥石流、山体滑坡等引起通道环境变化
	道路、桥梁	巡线道、桥梁损坏等
	采动影响区	采动区出现裂缝、塌陷对线路影响等
	其他	有危及线路安全的漂浮物、藤蔓类植物攀附杆塔等

5.1.4 输、配、变一体化巡检策略

分析解算各个专业的航迹文件之后，提取不同专业不同巡检内容的航迹文件，将不同专业的巡检文件整合起来，形成全专业的无人机巡检航迹。将不同专业，不同格式之间的航迹通过统一的航迹统计协议进行整合，使得不同机种通用、同机型不同拍摄参数、不同巡检模式通用。通过对无人机航迹数据进行解列重构，丰富航迹文件可编辑属性，并添加航迹文件运检专业、巡检模式可以确保不同专业的巡检需求得到满足，同时也方便了航迹文件的管理和使用。

在对无人机航迹进行解算之后，可以得出航迹的地面高程坐标和地理位置坐标，并且可以确定无人机飞行的安全点、拍摄点和巡检类型等信息。通过将拍摄点、巡检类型和空间坐标、高程坐标一一对应，可以对巡检方法做出分类，简而言之，可以确定每一个巡检任务需要经过的作业点和路径点。这可以帮助我们更好地规划和执行巡检任务，确保覆盖所有需要检查的区域，并提供必要的数据支持。

在自动机场已经部署的条件下，针对机场可覆盖区域内的输配变设备与线路，可以利用路径规划算法进行不同的飞机起飞与巡检路径规划。基于网格化的管理策略，结合巡检设备分布情况、设备巡检频次、机场覆盖半径等要素，利用蚁群算法可以进行最优路径规划与巡

检消耗资源预测。通过"高清地理图+自动机场布点图层",可以叠加实现巡检任务选点、布点双保障。综合交通、空域环境等因素输出最佳执行任务的机场无人机、时间、电池等资源信息,并按照巡检任务优先级要求依次排序,自主决策并生成巡检路线和控制策略,可以实现在开放、动态、复杂输配变工况环境下无人机电力巡检的智能化和多机协同巡检的智能化,从而实现智能、安全、高效的电力巡检工作。这可以确保巡检飞机快速到达作业场地,避免无人机资源重复使用,如图 5-2 所示。

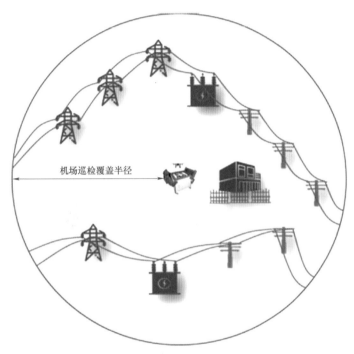

图 5-2　输配变一体化巡检

5.1.5　多机协同自主巡检

多机协同自主巡检首先需明确多机场、多无人机设备的统一接入标准以实现机场资源共享,然后通过无人机公共服务平台实现任务下发和任务调度。统一多机场设备接入标准是任务共享及协同调度的基础。要针对现有电力系统已采购的各品牌、各类型机场制定统一接入标准,规范机场接入接口参数,以实现自动机场的全面接入和全方位展示,及对每个机场及其无人机的控制,包含机场、无人机实时位置、实时画面、飞行路线、云台控制等。这可以为进行机场集群任务的下发,以及任务的分解与共享提供底层控制能力,从而实现机场协同调度的效果。

其次,在实现机场资源共享的过程中,需将机场与无人机的控制解耦,以便实现集群任务的共享。将自动机场控制和无人机控制相互解耦,可使自动机场只作为无人机起降及充换电的平台,无人机可由平台进行单独控制,不受限于机场本身。因此将对机场的集群任务共享转化为对无人机集群任务指令的下发，使得单机场不再局限于执行单一功能性任务。这可以实现将不同类型的巡检任务下发给同一机场执行，也可以将任务分解并共享给多个机场共同完成。这种方式使自动机场的功能得到充实，不再局限于成为单一巡检类型任务的调度平台。最后，打造"一个机场多专业共享，一次飞行多任务共享"的高效协作机制。当某个机场接收到来自不同专业应用的预设任务时，需要判断是否进行任务融合。在对预任务做融合判断时，需要考虑时间和空间两条主线判断条件：

（1）时间：任务是否可以在同一天执行。

（2）空间：是否任务线路有重合部分或巡检主设备有相同部分。

只有时间和空间都满足判断要求时，才需要将预设任务进行融合，形成新任务。而对于不需要融合的任务，则直接作为新任务进入排队状态。任务融合生成的总体流程示意图如图 5-3 所示。

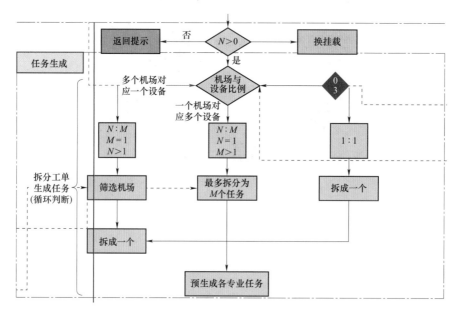

图 5-3　任务融合生成的总体流程示意图

5.1.6　蛙跳协同联动巡检

跳飞也称作无人机蛙跳，旨在实现目标场景巡检的全局覆盖。通过无人机与自动机场解耦，让飞行范围不受限制，通过设置站点可以支持无人机在长距离或大范围场景中的接续飞行。当无人机巡检一段时间后检测到电量告急，不足以支撑后续作业时，便会自主降落在就近的机场上进行充换电，补给结束后再次起飞完成剩余任务，真正实现无人机的无人化，如图 5-4 和图 5-5 所示。

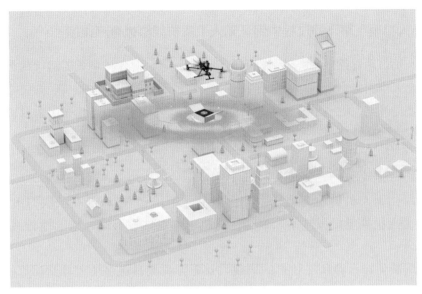

图 5-4　孤岛模式

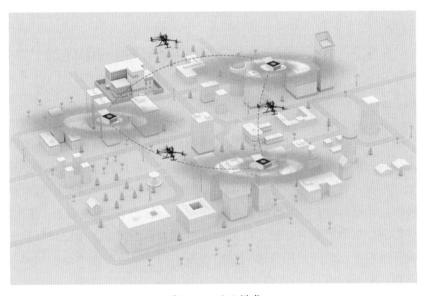

图 5-5　跳飞模式

1. 无人机在站与站之间的无缝跨越

无人机在机场之间完成精准起降，主要依赖于视觉定位技术，并且无人机自有的 RTK 技术也能为其精准起降提供有力支撑。

无人机在自动机场之间的往来漫游，离不开网联技术的加持。无人机搭载移动计算终端，通过 4G/5G 无线专网与机场管控平台相连，这可以帮助无人机准确到达目标机场的位置，从而完成长距离、大范围的漫游任务。

2. 在无人机相互跳飞的过程中保证无人机集群能够被有序调度

通过无人机机场管控平台实现远程调度和一键排班，对目标场景的运行状态进行全局把控，为机场无人机制定出一套科学合理、高效有序的巡检路线，进而实现既定路线的巡检作业，最大限度提升无人机的出勤频次和出勤效率。管理人员可根据相应需求对机场和无人机进行充分调度，提升管理的掌控力和无人机的自动化水平。

3. 保证无人机在异地机场之间充分完成电量补给

通过通用化无人机机场充电技术让无人机"不挑食"，对于高频次的出勤需求，采用高精度的无人机换电机械技术，保证无人机电池能够被快速、精准地替换，完成电量补给。

自动机场最优布点和跳飞技术的出现，让无人机获得更多的"补给站"，也成功指引无人机能够快速精准地找到目标机场。通过机场与机场的连接，增强无人机续航的利用率，让场景在无人机的视角下一览无余，扩大整体巡检半径，实现电网巡检场景的跨越覆盖。

5.2 电网设备无人机自动机场巡检应用场景

5.2.1 周期性巡视

通过大、中、小型机场差异化布点，实现输配变电设备常态化无人自主巡检，巡视范围包括不同电压等级的输变电设备，以及不同设备类型。巡检过程中可以使用多挂载、高性能设备，如可见光相机、红外测温仪和三维激光扫描仪，实现可见光巡检、红外测温和三维激光扫描等多种作业场景。其中大型机场侧重巡检高电压等级的输变电设备，实现基于多挂载、高性能的持续作业，实现可见光巡检、红外测温与三维激光扫描多作业场景按需开展；中、小型机场侧重开展可见光精细化网格协同巡检业务，本体巡检与通道巡检间隔开展，不同机型挂载各司其职、相互配合。

当使用无人机进行输配变巡检时，可以通过大、中、小型机场差异化布点，对不同电压等级、不同设备类型进行巡检，以实现更加精准、高效的巡检。

在大型机场中，无人机可以使用多挂载、高性能设备，例如红外测温仪和可见光相机，对高电压等级的输变电设备进行巡检。通过红外测温仪可以检测输变电设备的温度情况，发现异常的热点。同时，可见光相机可以捕捉输变电设备的图像，用于分析设备的外观状态和形态变化。无人机可以按照预设巡检计划，在规定的时间和路线上完成巡检任务。

在中、小型机场中，无人机可以采用可见光精细化网格协同巡检业务，对输变电设备进行更加细致的巡检。通过对输变电设备进行网格化划分，将巡检任务分配给多个无人机同时进行，以实现对整个机场的全面巡检。

此外，无人机巡检还具有灵活性，可以随时根据需要进行巡检。例如，如果机场的输变电设备出现故障，无人机可以在最短时间内快速响应并进行巡检，帮助机场减少停机时间和损失。

5.2.2　隐患六防协同巡检

利用无人机辅助电网设备六防巡检，包括防山火、防洪涝灾害、防外力破坏、防风害、防冰害、防雷害、防污闪和防鸟害等。以机场无人机辅助电网设备六防巡检，利用机场 24h 全天候待命与多挂载巡检的优势，通过针对性任务发布实现设备专项隐患排查反馈，根据设备管理专业需求分季节、分场景开展联动巡检辅助。通过无人机巡检，可以对潜在的隐患进行排查反馈，并根据专业需求分季节、分场景开展联动巡检辅助，无人机六防协同巡检示意图如图 5-6 所示。

图 5-6　无人机六防协同巡检示意图

在防山火方面，无人机可以利用高清相机和红外测温仪对电网线路进行巡检，及时发现可能引发火灾的异常情况，如树木与导线接触、电线松动等。此外，无人机还可以搭载飞行器雨量计，在洪涝灾害季节实施巡检，监测降雨情况，为防洪工作提供数据支持。

5.2.3　重要设备高频巡检

针对重要设备，通过高频巡检确保运维和管控标准的落实，要明确各级运维责任、分工和管控标准，在大、中型机场中配置无人机点位及密度，实现特高压重要输电设备巡检覆盖。通过大、中型机场结合高频响应，定期开展重要设备高频巡检作业，做到重要枢纽站所及进出线设备机动巡检，无人机可"一键起飞"，根据规划路线自行完成全方位、无死角的预设巡检，以满足高频响应要求。

在特高压输电线路的巡检中，无人机可以使用高性能相机捕捉设备的图像，并结合数据分析技术，对设备的绝缘子、金具等部位进行检测。此外，无人机还可以搭载振动传感器，通过对设备振动情况的监测，判断设备是否存在异常，及时发现故障隐患。

5.2.4　故障事件特殊巡检

通过构建机场自主巡检，在收到故障信息时实现无人机快速化响应，充分发挥无人机灵活便捷优势，建立多机联合巡检响应机制，基于巡检点位信息，自主规划巡检航线，快速到达现场，实现"多机协同、多点归一"查找模式，助力故障区段的快速巡检排查定位故障点，巡检人员可通过机场管控平台，对机场和无人机进行查看控制，实时掌握现场情况。当机场接到输变电设备故障报警时，无人机可以迅速起飞，到达故障区段进行巡检。多架无人机可以协同工作，实现多点巡检，缩小故障点位置范围，提供准确的故障定位信息给巡检人员，帮助他们制订应急抢修方案。

5.2.5　跨专业网格协同巡检

依托无人机巡检实践经验，从管理、技术、装备等方面入手，完善机场布点与末端融合配套巡检机制，整合设备台账和航迹数据等资源，将各专业无人机航迹文件碎片化重组，通过跨专业网格协同巡检规模化开展，助力网格化算法实用化提升，以中、小型机场实施为主，验证机场集群作业模式下对巡检数据大规模传输时数据链路的可靠性，持续开展输配变全专业协同全自主巡检策略优化探索，实现输配变全专业协同全自主巡检、网格化巡检。

在跨专业网格协同巡检中，无人机可以根据设备台账和航迹数据，制定最优的巡检路线。同时，无人机还可以搭载传感器，对设备进行实时监测，收集相关数据并传输回机场管控平台，以便运维人员进行分析和处理。

5.2.6　极端气象灾前勘察

利用无人机进行极端恶劣天气前的勘察工作，需要建立机场示范区全局快速勘察体系，根据气象监测信息，提前预警可能影响的线路杆塔信息，利用好无人机高清拍摄及三维测距能力快速化巡飞，结合气象预警开展极端恶劣天气前大棚加固、易漂浮物清理等专项远程巡视，最大限度实现人工巡视替代与增强。同时基于采集的电网激光扫描数据，结合高分影像，构建电网线路数字三维场景。无人机可以在极端气象事件发生前，提前对可能受影响的线路杆塔进行快速勘察，辅助检修人员及时掌握现场情况，制订应急抢修方案，提高应急工作的安全水平，无人机极端气象灾前勘察示意图如图5-7所示。

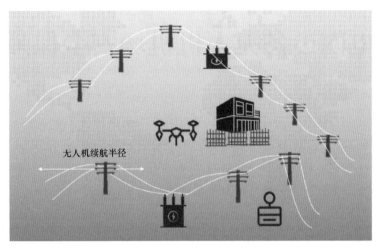

图 5-7　无人机极端气象灾前勘察示意图

　　在极端气象事件来临前，无人机可以使用高清相机对电网线路杆塔进行拍摄，并利用三维测距能力对其进行测量。通过获取的图像和测量数据，运维人员可以识别出可能存在的问题，如杆塔倾斜、绝缘子破损等，从而有针对性地进行加固和维修工作。

第6章
电网设备无人机机场安全保障

本章主要探讨无人机机场的安全保障，并围绕无人机机场的作业安全运行管理以及网络安防管理两个方面展开。第一部分重点介绍无人机自动机场的安全运行管理规程，规定无人机的飞行区域、飞行高度以及飞行时段等重要事项，此外还包括合理规划和组织作业活动、设定安全操作标准和流程、进行安全培训和监督等，通过科学的作业安全管理，最大限度地降低意外事故的发生率，确保人员和设备的安全。第二部分介绍无人机自动机场的网络安防管理。随着无人机技术的发展，对无人机机场的网络安全要求也越来越高。网络安防管理涉及无人机机场的数据传输安全、系统和设备的网络保护以及网络攻击的预防和应对。通过有效的网络安防管理，可以防止无人机机场面临的网络威胁，保障无人机活动的安全和稳定进行。综合运用这些安全保障策略，无人机机场可以有效提升安全管理水平，保护人员、设备和数据的安全，为无人机相关活动提供可靠的保障和支持。

6.1　电网设备无人机自动机场运行管理规程

6.1.1　无人机自动机场空域管理

2023 年 5 月 31 日，国务院、中央军委日前公布《无人驾驶航空器飞行管理暂行条例》（以下简称《条例》），自 2024 年 1 月 1 日起施行。

《条例》贯彻总体国家安全观，统筹发展和安全，坚持底线思维和系统观念，以维护航空安全、公共安全、国家安全为核心，以完善无人驾驶航空器监管规则为重点，对无人驾驶航空器从设计生产到运行使用进行全链条管理，着力构建科学、规范、高效的无人驾驶航空器飞行及相关活动管理制度体系，为防范化解无人驾驶航空器安全风险、助推相关产业持续健康发展提供有力法治保障。

《条例》共 6 章 63 条。主要按照分类管理思路，加强对无人驾驶航空器设计、生产、维修、组装等的适航管理和质量管控，建立产品识别码和所有者实名登记制度，明确使用单位和操控人员资质要求；严格飞行活动管理，划设无人驾驶航空器飞行管制空域和适飞空域，建立飞行活动申请制度，明确飞行活动规范；强化监督管理和应急处置，健全一体化综合监管服务平台，落实应急处置责任，完善应急处置措施。

按照以上法规内容规定，可将空域申请流程分为两步：任务审批和计划申请。

1. 任务审批

《条例》第八条规定从事中型、大型民用无人驾驶航空器系统的设计、生产、进口、飞行和维修活动，应当依法向国务院民用航空主管部门申请取得适航许可。从事微型、轻型、小型民用无人驾驶航空器系统的设计、生产、进口、飞行、维修以及组装、拼装活动，无需取得适航许可，但相关产品应当符合产品质量法律法规的有关规定以及有关强制性国家标准。

《条例》第二十八条规定无人驾驶航空器飞行活动申请按照下列权限批准：① 在飞行管制分区内飞行的，由负责该飞行管制分区的空中交通管理机构批准；② 超出飞行管制分区在飞行管制区内飞行的，由负责该飞行管制区的空中交通管理机构批准；③ 超出飞行管制区飞行的，由国家空中交通管理领导机构授权的空中交通管理机构批准。

2. 计划申请

《条例》第二十七条规定从事通用航空飞行活动的单位、个人实施飞行前，应当向当地飞行管制部门提出飞行计划申请，按照批准权限，经批准后方可实施。

《条例》第十三条规定飞行计划申请应当包括下列内容：① 组织飞行活动的单位或者个人、操控人员信息以及有关资质证书；② 无人驾驶航空器的类型、数量、主要性能指标和登记管理信息；③ 飞行任务性质和飞行方式，执行国家规定的特殊通用航空飞行任务的还应当提供有效的任务批准文件；④ 起飞、降落和备降机场（场地）；⑤ 通信联络方法；⑥ 预计飞行开始、结束时刻；⑦ 飞行航线、高度、速度和空域范围，进出空域方法；⑧指挥控制链路无线电频率以及占用带宽；⑨ 通信、导航和被监视能力；⑩ 安装二次雷达应答机或者有关自动监视设备的，应当注明代码申请。

《条例》第二十六条规定组织无人驾驶航空器飞行活动的单位或者个人应当在拟飞行前 1 日 12 时前向空中交通管理机构提出飞行活动申请。空中交通管理机构应当在飞行前 1 日 21 时前作出批准或者不予批准的决定。按照国家空中交通管理领导机构的规定在固定空域内实施常态飞行活动的，可以提出长期飞行活动申请，经批准后实施，并应当在拟飞行前 1 日 12 时前将飞行计划报空中交通管理机构备案。

6.1.2　无人机自动机场作业准备阶段

1. 现场勘查阶段

无人机巡检输配线路作业具有点多、面广、线长、环境复杂、危险性大等特点。通过对事故案例的分析发现，许多事故的发生，往往是事前缺乏对危险点的勘察与分析，事中缺少对危险点的控制措施所致，因此基于自动机场的无人机巡检作业也需要定期开展危险点勘察与分析。

根据工作任务周期性组织现场勘察，内容包括核实线路走向和走势、交叉跨越情况、杆塔坐标、巡检区域地形地貌、起飞和降落点环境、交通运输条件及其他危险点等，从而确认巡检规划航线的适用性。

根据相关要求及具体机巡作业任务，结合机巡作业风险，组织规划及审查飞行航线，开展风险评估，制定风险管控措施，严格落实保证机巡作业安全与质量的组织及技术措施，做好机场作业现场保障工作，确保自动机场、无人机及相关巡检设备状态正常，自动机场周边安全措施完善，飞行区域气象状况满足作业要求。

2. 工作许可手续

履行工作许可手续是为了在完成安全措施以后，进一步加强工作责任感，确保万无一失所采取的一种必不可少的"把关"措施。因此，必须在完成各项安全措施之后再履行工作许可手续。

业务归口班组在作业开始前向机巡监控中心申请办理工作许可手续，在得到机巡监控中心值班员的许可后，自动机场开展相应作业任务。工作许可人及业务需求班组工作负责人在办理许可手续时，应分别逐一记录、核对工作时间、作业范围和许可空域，并确认无误。

工作负责人在当天工作前和结束后需向工作许可人汇报当天工作情况。已办理许可手续并且尚未终结的工作，当空域许可情况发生变化时，机巡监控中心工作许可人应当及时通知工作负责人视空域变化情况调整工作计划。

6.1.3 无人机自动机场作业阶段

1. 工作监护要求

工作监护是指机巡监控中心值班人员在自动机场开展作业任务时，时刻关注自动机场设备和无人机飞行工况，保证自动机场和无人机均处于稳定运行状态，并且针对异常情况及时采取相应的处理措施，确保无人机状态正常航线和安全策略等设置正确。此外，机巡监控中心还需核实确认作业范围的气象条件、许可空域、环境变化以及无人机状态等以满足安全作业要求。

自动机场作业期间，机巡中心值班员因故需要暂时离开工作现场时，应指定能胜任的人员代替，离开前将工作现场交代清楚。原值班人员返回工作岗位时，也应履行同样的交接手续。

2. 工作间断要求

在工作过程中，如遇雷、雨、大风以及其他任何情况威胁到无人机的安全，机巡监控中心人员可根据情况间断工作，或者终结本次工作。若必须终结工作时无人机已经放飞，机巡中心值班人员应立即采取措施，在保证安全条件下，控制无人机返航或就近安全降落点降落，或采取其他安全策略及应急方案保证无人机安全。

3. 航线规划要求

获得空管部门的空域审批许可后，需严格按照批复后的空域规划航线进行飞行工作，在进行航线规划时，应满足以下要求：

（1）规划的航线避开空中管制区、重要建筑和设施，且尽量避开人员活动密集区、通信阻隔区、无线电干扰区、大风或切变风多发区和森林防火区等地区。对于首次开展无人机自动机场全自主巡检作业的线段，应该在作业开始前对自动机场航线进行安全验证，确保航线安全可用。

（2）无人机起飞和降落区应远离公路、铁路等重要建筑和设施，尽量避开周边军事禁区和军事管理区、森林防火区和人员活动集区等，且应满足对应机型的技术指标要求。

4. 安全策略

（1）安全保障措施。

无人机系统集成了多种安全机制，包括失联返航、低电量返航、禁飞区信息、避障功能、紧急刹车等。同时，通过地面站软件还可以设置返航高度、电子围栏区域。

1）失效备降。机场在安装的时候，需在附近 50m 范围内选定一个备降场地，并录入到机场基本参数中，当无人机飞行作业中，如果机场出现故障，无法完成机场舱门打开，或者因为机场图像失锁、机场顶部被异常遮挡、机场控制失效等无法降落的情景，无人机将启动备降机制，无人机飞控系统控制无人机选择在备降点降落，保障在机场失效情况下无人机安全，后期无人机由运维人员进行回收。

2）失联返航。如果通过地面站软件对无人机进行远程操控，可以在地面站软件上设置地面控制信号丢失时的飞行机制：切换到地面站控制或直接返航。在失联返航过程中如果再次收到地面的控制信号，则可以继续对无人机进行控制。

如果通过地面站进行控制，当控制信号丢失后，无人机直接返航。在返航过程中，如果再次收到控制信号，无人机立即空中悬停，等待地面站派发命令。

① 低电量保护。无人机系统应具有低电量保护功能，系统可根据无人机电池电量实现三级低电量保护提示。无人机电池电量低于二级报警阈值后，无人机自动执行返回机场操作；无人机电池电量低于一级报警阈值后，无人机自动原地降落。

② 禁飞区。无人机飞控系统中内置了禁飞区信息，比如全国各大民航机场周边。同时也可手动设置禁飞区，将一些特定区域设置为禁飞区，防止误操作将无人机飞往禁止飞行的区域。

当无人机飞到禁飞区边缘时，立即空中悬停，无法进入禁飞区。当通过地面站软件设置指点飞行或航迹规划时，无法把航点设置到禁飞区里面。

③ 自动悬停。无人机系统增加自动悬停设计，紧急时刻只需切换到手动控制或者点击暂停按钮，无人机将在空中停止运动，并悬停在当前位置，避免操作人员由于慌乱导致出现错误操作，大大提高无人机飞行的安全性。

④ 设置返航高度。在地面站软件中可以设置无人机的最低返航高度，当无人机执行返航动作时（包括一键返航、失联返航和低电量返航），首先判断当前的飞行高度是否高于最低返航高度，如果不满足最低返航高度要求，则上升到此高度后再进行返航，确保返航过程的安全性。

⑤ 电子围栏。通过地面站软件设置电子围栏区域，在地面站软件内框出一个区域。软件内不可以将目标飞行点设置在电子围栏区域以外，防止因误操作引起安全事故。

（2）环境适应性应对措施。

飞机起飞前通过自动机场气象监测系统收集区域环境（风速、风向、雨量、温度、湿度、气压）数据，根据无人机运行要求，若满足起飞条件，方可进行起飞。无人机起飞途中遇到特殊天气的应对措施如下：

1）高低温天气应对措施。针对出现的高温或低温天气可能会对无人机的一些功能组件性能造成影响，导致降低飞行效率，影响飞行稳定。因此在炎热的天气，应当让无人机进行必要的休息以延长无人机的使用寿命。同时在严寒的天气，在飞行中要密切关注电池情况，因为低温会降低电池的效率，续航时间会有所下降。

机场部分自带温控系统，温控系统可根据外部的极端高温天气、极端低温天气进行温度调节，能保证机场内部温度范围在 10～40℃，处于设备最佳温度状态。

2）风沙天气应对措施。在有风沙的情况下，无人机为保持姿态和飞行，会耗费更多的电量，续航时间会缩短，同时飞行稳定性也会大幅下降，因此在操控无人机飞行的过程中，要注意最大风速不要超过无人机的最大飞行速度。

伴随扬尘会影响拍摄质量，在大风扬尘期间，无人机会因风力而偏航，所以需要下降到风力较弱的高度，如果风沙扬尘太大，无法保障巡检的安全及质量应立即返航或者停留。

自动机场为工业级防水防尘设计，防护等级为 IP54，坚固的结构设计以及机场底部的设置与混凝土预埋件的连接结构、强度可满足场站区域出现的风沙防控要求。

机场在多风沙环境下运行 6 个月左右需要进行一次清理（具体可根据作业时间和频次而定），可避免在工作中风沙进入机场带来不利的影响。

3）空气湿度应对措施。空气湿度也是一项可能影响无人机正常工作的因素，对于无人机这类精密的电子产品，水汽一旦慎入内部，非常可能腐蚀内部电子元器件。所以使用后，除了简单的拭擦外，还要做好干燥除湿的保养，一般将无人机放置到无人机机场中进行干燥保养。机场会根据内部温湿度自动除湿，以保证机场内部设备不腐蚀，不生锈。

4）雨雪天气应对措施。无人机不适宜在雨雪冰雹天气飞行，在飞行前要查看气象，留意降水概率和降水强度。当准备起飞时，若天气为小雨，可进行正常巡视工作，若天气为中雨及以上，不能冒险起飞。如在飞行过程中遇到中到大雨天气，要注意返航保护无人机，等天气转晴再起飞。

5）雾天应对措施。大雾天气不仅影响可见度，也影响空气湿度。无人机在大雾中飞行，也会变得潮湿，有可能影响到内部高精密部件的运作，而且在镜头形成的水汽也会影响航拍效果。

通常来说，如果能见度小于 0.5 英里（800m 左右），那么就可以称之为大雾，不适宜无人机飞行。

（3）自动机场作业前检查要求。

自动机场作业前要进行功能验证测试，确保机场仓门开关、归中机构等机械结构功能稳定、机场通信链路完好，无人机状态稳定，电量充足。

（4）自动机场飞行作业要求。

无人机自动机场开展作业时，机巡监控中心值班人员应密切关注无人机的飞行高度、速度等无人工况信息。无人机放飞后，若发现无人机状态异常，应及时控制无人机降落，排查原因、修复，在确保安全可靠后方可再次起飞。

6.1.4　无人机自动机场作业后检查

1. 作业后无人机检查要求

（1）每次作业结束后都要确定无人机准确无误地降落在自动机场内，上传的巡检数据与巡检任务目标一致完成，避免过多数据积压在自动机场存储上增加数据遗失和泄露的风险。

（2）每次飞行结束后应及时通过远程监控设备检查无人机完好情况，如螺旋桨、护架等的完好情况，发现有缺陷的要及时更换修复。

2. 无人机电池使用要求

（1）在自动机场内，当环境温度低于 0℃或高于 40℃时，禁止进行电池充电操作。

（2）在充电过程中，必须确保电池充电电流正常且稳定，以保证无人机电量稳步增长。如果发现异常情况并触发报警，运维人员应立即到场进行检修，并更换无人机电池设备。

6.2　电网设备无人机自动机场网络安防管理

6.2.1　无人机自动机场网络安防管理相关原则

无人机自动机场网络安防管理原则是确保无人机自动机场网络的安全和稳定运行的基本准则，以下是安防管理原则的具体内容：

1. 实施多层次的网络安全防护

建立多层次的网络安全防护机制，包括边界防火墙、入侵检测、系统、身份认证和访问控制等技术手段，以阻止潜在的网络攻击和非法入侵。此外，还需采用加密通信和数据传输技术，确保无人机自动机场网络中的数据在传输过程中的机密性和完整性。

2. 强化网络设备与系统的安全性

确保无人机自动机场网络中的关键设备和系统的安全性。采取安全加固措施，如及时更新设备和系统的补丁，限制设备和系统的物理访问权限，加强密码管理和密钥管理等，以减少设备和系统遭受恶意攻击的风险。

3. 定期进行安全漏洞扫描和风险评估

定期对无人机自动机场网络进行安全漏洞扫描和风险评估，发现和修复潜在的安全漏洞，降低网络风险。同时，建立安全事件监测和响应机制，及时检测和应对网络安全事件，保障无人机自动机场网络的稳定运行。

4. 加强员工安全意识培训

加强员工的网络安全意识培训，提高员工对网络安全的认知和防范能力。教育员工遵守网络安全策略和规范，定期进行安全意识培训和演练，确保员工的行为符合网络安全要求，减少人为因素引发的网络安全风险。

5. 建立监控和日志管理机制

建立完善的监控和日志管理机制，对无人机自动机场网络中的关键设备、系统和网络流量进行实时监测和记录。通过日志分析和异常检测，及时发现并应对网络安全事件，确保网络的安全运行。

6.2.2 无人机自动机场安全拓扑架构

无人机自动机场安全拓扑架构是由网络、通信系统、监控设备和安全控制等多个组成部分构成的，如图6-1所示。

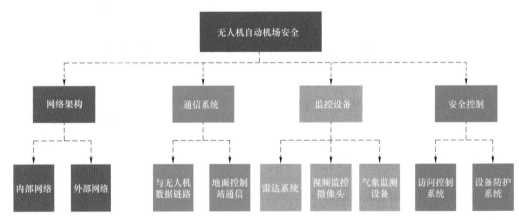

图 6-1 无人机自动机场安全拓扑架构示意图

网络架构方面，内部网络用于连接无人机控制中心、数据处理中心、设备管理中心以及其他内部系统的局域网。而外部网络则是连接到航空管理机构、应急响应部门和其他合作伙伴的广域网。

通信系统方面，无人机的数据链路是用于与无人机进行指挥、控制、导航和监测的无线通信系统。地面控制站通信系统则用于地面操作人员与无人机进行实时通信和指挥。

监控设备方面，雷达系统被用于监测无人机的位置、高度和飞行轨迹。视频监控摄像头则用于实时监控无人机的起降场景和周边区域。此外，气象监测设备也被用来监测天气状况，提供气象数据以支持飞行决策。

安全控制方面，访问控制系统用于管理人员和车辆进出机场区域，确保只有授权人员能够进入相关区域。设备防护系统包括周界安防和入侵检测等设备，以保护机场设施和设备的安全。

这种无人机自动机场安全拓扑架构的设计旨在实现对无人机系统的全面监控、通信和安全保护。通过合理配置网络、通信、监控和安全控制的组成部分，能够确保无人机的安全运行，并提供高效的指挥与控制能力，保障机场及其周边区域的安全。

6.2.3　无人机自动机场通信及网络安全

无人机自动机场可能出现的通信安全风险主要包括常用端口防范不足、默认 WiFi 密码没有修改、地面站操作系统存在安全隐患、缺乏 GPS 欺骗防御手段等。

为保证自动机场和无人机的通信及网络安全，需要同时从设备、管理、运维等方面进行全方位的安全管控。

设备方面需要考虑在机场侧设置强力防火墙，加强系统对陌生 IP 地址进入权限管理，未经系统允许，就接入不了相应的管控系统；针对自动机场的系统维护硬件接口如 USB/type-C/RJ45/DB9 等，采用物理方式进行锁死管理，杜绝私自操作导致系统感染病毒或数据流失的发生。

管理方面需要加强机场站端系统安全防护管理，操作系统安全防护应满足保护等级为三级的防护要求，主要从系统安全加固、身份认证与用户管理、防病毒与安全补丁等多个方面进行安全防护设计；在机场设备部署地加强物理防护措施，保证机场物理位置安全，降低被暴力入侵和破坏的概率。

在运维管理方面，管理人员应该依据各类型自动机场的使用和运行的特点来对自动机场网络的运行进行优化管理，更要建立全面的管理体系和专业的管理团队。专业的管理团队可以加大自动机场通信网络管理工作的力度。例如，处理设备下线工作需要经验丰富的专业人员，他们负责评估和记录工作情况，并熟悉各种故障诊断方法，以保障自动机场的数据传输通信网络正常运行。这样可以尽量减少管理人员的操作失误和网络受到黑客入侵的风险。

6.2.4　无人机自动机场数据安全

自动机场作为无人机巡检数据传输的中转终端，内部储存较多的电网敏感数据，如巡检航线数据、飞行轨迹数据、杆塔巡查拍照数据、电网设备经纬度信息等，这些数据在储存传输过程中如果不进行加密，就面临着泄露的风险，一旦被第三方获取，将对电网的发展和电力设备稳定可靠的运营造成严重的威胁。

1. 授权认证

每台自动机场设备都有独立的设备标识和足够强度的独立密码，密码采用 MD5 加密，通过 mqtt 发送登录信息，服务器认证成功后颁发 token 和生成的 aes 密钥通过 mqtt 发送给设备，设备接收到 token 后不再登录。

2. 数据传输加密

在数据加密方面使用国密算法进行加密，这样就可以最大程度保障电力数据的存储与传输的安全。

在电网设备自动机场的巡检应用上，可考虑在无人机自动机场侧加装安全接入代理模块，与部署在通信室侧（专网与内网边界处）的微型安全采集装置进行身份认证、数据加密，对数据实行"端到端"防护，确保数据不被窃取、终端不被恶意操控。为保障无线网络通信的安全性能，无线网络端做如下安全防护措施：

（1）无人机自动机场内嵌微型安全接入代理模块，实时巡检数据（加密数据）通过安全无线设备与安全接入平台微型采集装置（简称微型安全接入平台）进行身份认证、解密并发送至变电站控制系统。

（2）管控平台下发指令通过微型安全接入平台进行加密发送给自动机场，机场侧通过公用密钥解密后再进行指令操作。

（3）后台 AP 端与无人机移动终端采用 AIRMAX 技术进行连接并且相互锁定 MAC 地址，从而保证两者创建唯一连接不受其他设备利用。

（4）在后台 AP 端，除了隐藏 AP 端 SSID 之外，还采用 WPA2 加密方式进行加密，进一步保证网络安全。

（5）在 AP 端锁定自己机场内部使用网络设备的 IP 地址和 MAC 地址，防止其他无线设备的接入；通过开启上述无线网络端防护后，能够充分保障网络传输的安全性，从而保障电网内部网络的安全。

3. 数据库备份及日志审计

对数据每天至少完全备份一次，并将备份数据场外存放，此外，还应定期对备份文件进行恢复测试并做好记录，确保备份文件有效。

配置数据库的审计策略，即在系统数据库安装 MySQL AUDIT 审计插件对数据库进行审计，这可以对重要的用户行为和重要安全事件进行审计。完善审计功能，使审计记录信息包括事件的日期和时间、用户、事件类型、事件是否成功及其他与审计相关的信息。定期对应用日志进行备份，管理员需有合理的配置策略，备份日志本地保存至少达到 6 个月，再使用第三方日志审计系统接收数据库日志，或手动拷贝备份文件至专用设备，并保存审计日志达到至少 6 个月。

除此之外，为了保证无人机自动机场的通信和网络安全，还应加强以下几点要求：

（1）加强身份认证与访问控制：建立严格的身份认证机制，对无人机自动机场的用户进行身份验证，确保只有合法用户才能访问和操作系统。同时，实施细粒度的访问控制策略，根据用户的权限和需求，限制其对系统资源和数据的访问权限，防止未授权的访问和操作。

（2）强化物理安全措施：除了设备部署地的物理防护，还应加强对无人机自动机场关键设备和服务器等硬件设施的物理安全措施。例如，设置监控摄像头、门禁系统和安全柜等，以防止非法入侵和设备物理损害。

（3）实施安全监测与响应：建立安全事件监测和响应机制，通过实时监测网络流量和日志，及时发现和应对异常行为和安全事件。采用安全信息与事件管理系统（SIEM）等技术手段，对异常活动进行分析和识别，并及时采取相应措施应对，最大限度地缩短安全事件的响应时间。

（4）进行网络安全培训与演练：定期组织员工进行网络安全培训和演练，提高他们对网络威胁和安全防护的认识和能力。培训内容包括安全意识教育、密码管理、社会工程学攻击防范等，通过模拟实战演练，增强员工应对网络攻击和安全事件的能力。

（5）定期备份和恢复数据：建立定期备份和恢复数据的机制，确保在发生安全事件或数据丢失情况下能够快速恢复系统和数据的完整性。备份数据应存储在安全可靠的地方，同时备份策略需经过合理规划和测试，以确保数据可靠性和可恢复性。

通过以上补充描述的措施，能够进一步加强无人机自动机场的通信和网络安全，有效预防和应对潜在的安全风险，保障自动机场系统的正常运行和数据的安全传输。

无人机自动机场网络安防操控是指通过技术手段对无人机自动机场的网络系统进行监控和管理的过程，以确保无人机飞行的安全性和保密性。下面是一个详细的典型案例方案：

（1）网络架构设计。

防火墙和入侵检测系统：部署防火墙和入侵检测系统，实时监测网络流量和攻击行为，及时识别并拦截潜在的网络攻击。

虚拟专网（VPN）：建立加密隧道，通过VPN提供安全的远程访问，确保无人机自动机场网络数据传输的保密性。

网络隔离与分段：将无人机自动机场网络划分为多个区域，根据不同的安全级别进行隔离和分段，确保敏感信息不易被未授权人员获取。

安全审计与日志记录：记录网络活动日志，定期进行安全审计，发现异常行为并采取相应的安全应对措施。

（2）认证与访问控制。

身份认证与授权：建立身份认证机制，通过用户名、密码、数字证书等方式对无人机自动机场网络用户进行身份验证和授权管理，确保只有合法的用户可以访问网络资源。

二次认证：对于具有高权限的用户或重要操作，可以采用双因素身份认证，如指纹识别、短信验证码等，提高认证的安全性。

权限管理与访问控制列表（ACL）：设定用户权限级别，并根据不同的权限级别设置相应的访问控制列表，限制用户对敏感信息和操作的访问权限。

（3）网络监控与安全事件响应。

实时流量监测：使用网络流量监测工具，对无人机自动机场网络的流量进行实时监测和分析，发现异常流量或异常行为。

安全事件响应：建立安全事件响应机制，设定明确的安全事件分类和处理流程，及时响应并应对网络安全事件，防止事件扩大化。

威胁情报分析与更新：定期收集和分析关于无人机飞行安全的威胁情报，及时更新安全策略和措施，以应对新出现的安全威胁。

（4）数据保护与备份。

数据加密与保护：对无人机自动机场网络中的敏感数据进行加密保护，确保数据在传输和存储过程中的安全性。

定期备份：建立定期备份机制，将无人机飞行数据和网络配置信息进行定期备份，并存储在安全可靠的位置，以防止数据丢失或损坏。

（5）培训与意识提升。

安全培训和教育：针对无人机自动机场网络的用户和管理人员开展相关的安全培训和教育，提高其网络安全意识和应急响应能力。

安全政策和规范：制定明确的安全政策和规范，对用户行为和操作进行规范，强调安全意识和安全责任。

这个案例方案可以作为无人机自动机场网络安防操控的参考，具体的实施方案需要根据实际需求和场景进行设计和定制。同时，在实施过程中，还需遵守相关法律法规，确保安全技术手段的合法使用，并保护无人机飞行数据的安全性和保密性。

第 7 章
电网设备无人机机场资产管理与检测维护

本章主要介绍无人机机场的资产管理和检测维护，并围绕设备管理、维护与保养、故障诊断与维修三个方面展开分析。第一部分重点介绍无人机自动机场的设备管理工作。设备管理是无人机机场重要的一环，通过对无人机设备的有效管理和监控，可以确保设备正常运转和高效工作，为无人机活动提供良好的支持和服务。第二部分详细介绍无人机自动机场的维护和保养工作。维护和保养是维持设备长期稳定运行的必要步骤，它可以保证无人机机场设备的性能和功能始终处于最佳状态。第三部分探讨无人机机场的故障诊断与维修。无人机设备在长期使用过程中难免会出现故障，故障的及时诊断和维修对保障无人机机场的正常运营至关重要。综合应用这些管理、维护和维修策略，无人机机场可以实现设备的高效管理和维护，确保设备的正常运行和可靠性，为无人机相关活动提供良好的基础设施支持。

7.1 电网设备无人机自动机场设备管理

无人机自动机场可分为固定机场与移动机场。固定式无人机机场是一种针对固定区域的无人机停放场所，通常是由固定建筑物、升降平台和相关设施构成的。它们通常被用于需要长期监测和巡视的区域。固定式无人机机场可根据实际需求直接部署在相应的场所，提升响应效率，优化作业方式，将工作高频化、精细化、数据化。机场设有精确的升降平台和自动对准系统，可以实现无人机的精准对接、精准起飞和降落。

移动式无人机机场是指可以随时搬迁到需要的地方，适用于应急作业、临时作业等场景的机场。在一些特殊的场合，例如荒野、郊外、高原等环境下，固定式无人机机场很难进行部署，而移动式无人机机场则能够更好地适应这些环境。与传统的固定式无人机机场相比，移动式无人机机场具有更强的灵活性和适应性。它们通常由集装箱或拖车等组成，可以随时进行转移和运输。

7.1.1 电网设备无人机自动机场入网检测要求

用于电网设备线路巡检作业的各型、各类无人机必须符合航空器安全标准，在其正式投入使用前要进行必要的试验检测、鉴定。无人机的试验检测按照小型旋翼无人机巡检系统试验检测；大型、中型无人机巡检系统试验检测；固定翼无人机巡检系统试验检测分类进行。

1. 检测标准

为规范化开展配电网无人机入网检测工作，该章节对无人机相关的外观、性能试验进行要求，主要涉及无人机外观，电气安全性、飞行控制等相关功能做了要求，主要内容参考以下标准：

下列文件凡是注日期的引用文件或仅注日期的版本都适用于本文件。凡是不注日期的引用文件，其最新版本（包括所有的修改单）适用于本文件。

GB/T 191—2008《包装储运图示标志》

GB/T 2423.1—2008《电工电子产品环境试验 第2部分：试验方法 试验A：低温》

GB/T 2423.2—2008《电工电子产品环境试验 第2部分：试验方法 试验B：高温》

GB/T 2423.10—2019《环境试验 第2部分：试验方法 试验Fc：振动（正弦）》

GB/T 4208—2017《外壳防护等级（IP代码）》

GB/T 17626.2—2018《电磁兼容 试验和测量技术 静电放电抗扰度试验》

GB/T 17626.3—2018《电磁兼容 试验和测量技术 射频电磁场辐射抗扰度试验》

GB/T 17626.4—2016《电磁兼容 试验和测量技术 电快速瞬变脉冲群抗扰度试验》

GB/T 17626.5—2019《电磁兼容 试验和测量技术 浪涌（冲击）抗扰度试验》

GB/T 17626.8—2006《电磁兼容 试验和测量技术 工频电磁场抗扰度试验》

GB/T 22239—2019《信息安全技术 网络安全等级保护基本要求》

GB/T 28448—2019《信息安全技术 网络安全等级保护测评要求》

DL/T 1578—2021《架空电力线路多旋翼无人机巡检系统》

Q/GDW 1597—2015《国家电网公司应用软件系统通用安全要求》

Q/GDW 10942—2018《应用软件系统安全性测试方法》

2. 检测内容和要求

从一般要求、功能要求和性能要求三个方面，对无人机自动机场的主要检测内容和技术要求进行说明如下。

（1）一般要求。

1）外观结构要求。

① 机场整机表面应有保护涂层或防腐设计，外表应光洁、均匀，不应有伤痕、毛刺等缺陷。

② 机场标识清晰，内部电气线路应排列整齐、固定牢靠、走线合理，便于安装、维护，并用醒目的颜色和标志加以区分。

③ 机场电源与电机传动部分等危险区域应有明显标识予以告警，宜具备提示音告警。

④ 机场机身应具备明显的指示灯指示当前运行状态，宜包含电源接入、待机、任务中、维护中、急停等状态显示，不同运行状态须用不同显示颜色区分。

⑤ 机场应具备控制常规机电动作的实体按钮或触控屏，至少具备打开机场、关闭机场、复位、远程/本地控制、急停按钮。

⑥ 机场应单点良好接地，配备防雷及漏电保护装置。

⑦ 机场应具备故障检修口，在出现电气或机械故障时可手动开展检修作业。

⑧ 移动式无人机机场作业过程不宜扩大移动载体外廓面积。

2）使用条件要求。

① 环境要求。机场在如下环境条件下应能正常工作，特定使用场景可另行要求：

a）环境温度：−25～+45℃。

b）相对湿度：5%～95%。

② 供电要求。机场应支持交流或直流供电，交直流供电应符合如下要求：

a）交流：电压 220V±10%，频率 50Hz±2%。

b）直流：电压≤48V，纹波≤200m$V_{\text{P-P}}$。

（2）自动机场典型测试要求。

1）自动机场测试部分。自动机场典型测试内容以中型多旋翼无人机自动机场为例进行说明，不同类型的自动机场参数详见本书第 2 章常用自动机场技术参数部分内容，中型自动机场典型测试要求见表 7-1。

表 7-1　　　　　　　　　　　　中型自动机场典型测试要求

序号	类别	试验内容	技术要求
1	外观测试	外观特性检查	目测法检查机场外观、标识、指示灯及内部区域外观结构特性
2		结构特性检查	目测法检查机场结构特性，包括连接件、紧固件、实体控制按钮、接地方式、保护措施等
3		尺寸质量检查	使用标准尺、秤测量全功能状态下机场尺寸及质量，测量范围应包含无人机、应急储能电池
4	功能测试	环境感知功能试验	机场应配备无人机存储及环境感知功能，应具备温度、湿度、雨量、风速传感器及可见光监控摄像头，可实时监控机场内外部环境状态。机场应具备消防告警功能，宜具备自动灭火功能或外置消防设备
5		电能补给功能试验	（1）充电式无人机机场应配备接触式充电或无线充电装置，应配备无人机电池物理降温设备，无人机降落后进入自动充电模式时间应不大于 10min，单次充电从 10%到 90%时间应不大于 2 倍有效飞行续航时间。 （2）换电式无人机机场应存放不少于 4 组无人机电池，电池自动更换时间应不大于 5min，换电可靠性应不低于 99%。 （3）机场应具备无人机电池健康监控功能，宜具备电池温度、循环次数监控功能，可对电池定期充放电，并根据电池健康状态发出告警
6		自检功能试验	（1）机场应具备自检功能，自检项目应包括主控模块、电气模块、机械结构、通信模块、监测模块、无人机状态。 （2）机场任一项自检项目不满足要求时，能定位故障部位或原因并生成自检日志，实时发送至机场主控模块，并发出提示和告警
7		飞行作业试验	（1）机场应具有远程、本地控制模式。本地模式下，可对无人机起降、急停、返航进行设置。远程模式下，可通过主控模块远程控制无人机飞行作业，可对无人机起降方式、飞行速度及航点信息进行设置。 （2）机场宜具备协同作业能力、支持无人机异地起降功能，移动式机场应支持无人机异地起降功能。 （3）机场应支持飞行计划的编制、修改、下发，宜能够针对不同任务、环境因素及无人机续航能力判定任务安全性，并自动编排任务。 （4）机场应支持航线调用、管理功能

序号	类别	试验内容	技术要求
8	功能测试	应急功能试验	（1）机场应具有应急电源，外部电源中断后可自动切换至应急电源，且提供不少于最长有效飞行作业时间的续航时间。 （2）机场应具备失控保护策略，应包含触发失控告警、无人机自动返航、悬停和就地降落等功能。保护策略与返航航点、速度等参数可预先设置。 （3）机场应具备无人机低电量自动返航功能，当无人机电量低于阈值时触发低电量告警与无人机自动返航。自动返航启动前提供不少于5s的确认时间，确认期间可取消自动返航并保持原地悬停等待下一步指令，默认状态为倒计时结束启动自动返航。 （4）机场应在本体或无人机设备故障、电源中断、网络中断、气候异常时自动或手动触发终止任务，已派出无人机应自动返航或悬停，机场不再执行新的任务，直至异常解除。 （5）机场应具备复降及备降点设置功能，无人机降落异常时可告警并降落至备降点。宜具备多备降点设置、远程复降、就地手动降落等功能
9		状态监视功能检查	（1）机场主控模块应具备机场本体状态监视功能，包括机场运行状态、供电方式、后备电池电量、网络连接状态、内部温湿度。 （2）机场主控模块应具备机场外部环境监视功能，包括环境温度、相对湿度、风速、雨量。 （3）机场主控模块应具备无人机状态监视功能，包括无人机实时位置、飞行航线、作业影像、飞行轨迹、电量信息、充电状态、卫星连接情况、维修保养信息。 （4）机场主控模块应具备任务状态监视功能，包括任务类型、任务进度、备降点信息。 （5）机场主控模块应对机场、无人机、周边环境异常状况告警提示
10	功能要求测试	通信功能试验	（1）机场应具备有线通信接口，数据传输速率不低于100Mbit/s，宜具备无线通信方式及多通道冗余通信链路。 （2）机场应具备远程支持功能，包括远程升级修改固件。 （3）机场宜具备统一授时功能，支持远程配置系统时间
11		定位功能试验	（1）机场定位模块应支持北斗卫星导航系统及RTK功能，宜通过视觉识别及地面基站提升无人机定位精度。 （2）机场应具备单北斗系统工作能力，宜支持电力北斗精准位置服务网
12		数据处理功能试验	（1）机场应具备数据预处理功能，能够对无人机拍摄数据分类、归档、命名。 （2）机场宜具备数据分析功能，能够对无人机拍摄数据智能缺陷分析、统计，并自动生成分析报告
13		应用程序编程接口试验	（1）机场主控模块应用程序编程接口指令应通过MQTT或HTTPS等协议接收发送信息。 （2）机场主控模块应用程序编程接口应采用通用编程语言及数据格式，封装名称应简洁明了，应兼容设备资产精益管理系统
14	性能要求测试	环境适应性能试验	（1）机场防水防尘等级不低于IP55，外壳具备防破拆、防盐雾能力，宜具备防覆冰能力。 （2）机场内部温度宜控制在0～30℃，相对湿度宜控制在45%～60%。 （3）机场在海拔4000m以下应能正常工作

序号	类别	试验内容	技术要求
15	性能要求测试	抗振动性能试验	（1）机场在低频振动下，紧固件不应松动。 （2）移动式无人机机场应有无人机紧固措施，载体移动过程中紧固机构与无人机不应松动
16		测控距离试验	（1）多旋翼无人机机场测控距离应不小于 3km。 （2）垂直起降复合翼无人机机场测控距离不小于 10km
17		整备时间试验	（1）多旋翼无人机机场从任务下发到无人机起飞准备时间应小于 3min。 （2）垂直起降复合翼无人机机场从任务下发到无人机起飞准备时间应小于 10min
18		降落可靠性试验	在瞬时风速不大于 10m/s 情况下，机场控制无人机降落成功率应不低于 99%
19		抗电磁干扰能力试验	机场应能承受 GB/T 17626.2—2018 第 5 章规定的严酷等级为 4 级的静电放电抗扰度试验； 机场应能承受 GB/T 17626.3—2018 第 5 章规定的严酷等级为 3 级的射频电磁场辐射抗扰度试验； 机场应能承受 GB/T 17626.4—2016 第 5 章规定的严酷等级为 3 级的电快速瞬变脉冲群抗扰度试验； 机场应能承受 GB/T 17626.5—2019 第 5 章规定的严酷等级为 3 级的浪涌（冲击）抗扰度试验； 机场应能承受 GB/T 17626.8—2006 第 5 章规定稳定持续磁场的严酷等级为 4 级的工频磁场抗扰度试验
20		信息安全试验	（1）机场应满足 GB/T 22239 中规定的第三级物联网安全扩展要求的信息安全要求。 （2）机场主控模块应用软件系统应符合 Q/GDW 1597 中规定的增强型安全技术要求。 （3）机场通信网络中若采用无线通信，通信设施应具备身份鉴别、信道加密等安全措施，防止数据在通信过程中被窃听、截获和篡改

2）无人机典型测试要求。无人机典型测试内容以中型多旋翼无人机自动机场配套的无人机为例进行说明，具体内容见表 7-2。

表 7-2　　　　　　　　　　　　无人机典型测试要求

序号	类别	试验内容	技术要求
1	外观测试	无人机机体尺寸	无人机任意点间距不大于 1500mm，对称电机轴距不大于 900mm
2		无人机材料	无人机机身、机架及桨叶宜采用绝缘材料
3	性能测试	航行灯	无人机具备航行灯，机头机尾标识有明显区别，发光强度不小于 30cd
4		无人机机身重量及可负载重量	无人机机身重 7kg（含电池、桨叶），载重 2kg

续表

序号	类别	试验内容	技术要求
5	性能测试	无人机最大航速测试	无人机上升最大航速不小于 5m/s，下降最大航速不小于 4m/s，水平最大航速不小于 23m/s
6		搭载任务荷载作业时间	无人机搭载全套任务载荷的作业时间不小于 30min，搭载单一可见光任务载荷的作业时间不小于 40min
7		悬停精度	无人机悬停精度水平不大于 ±0.5m，垂直不大于 ±0.5m，标准差水平不大于 0.25m，垂直不大于 0.3m
8		无人机与机场实时标清图传	无人机与机场实时标清图传为 720p×30fps
9		无人机与遥控器图传时延	无人机与遥控器间的图传时延不大于 300ms
10		稳像精度	无人机云台相机角度抖动量小于 ±2rad
11		云台相机转动	无人机云台可水平和俯仰双轴转动控制，角速度不小于 30°/s，俯仰范围不小于 +30°～−90°
12		无人机工作环境	无人机工作环境不小于 −20～+50℃
13		可见光相机分辨性能	无人机可见光相机可分辨 10m 处清晰分辨 M12 螺母级目标，有效像素不低于 2000 万，变焦倍数不小于 16 倍
14		红外相机分辨性能	无人机红外相机 10m 处可清晰识别发热点，红外伪彩影像分辨率 640×480
15		红外测温范围	无人机红外相机测温范围不小于 −20～+150℃
16		无人机防护等级	无人机外壳的防护等级不低于 IP54，云台相机的防护等级不低于 IP44
17	功能测试	拍照和录像功能	无人机具备手动、定点自动拍照和视频录像功能
18		支持 SDK 开发功能	无人机支持 SDK 开发
19		红外实时显示功能	无人机红外相机可实时显示温度最高点及数值，测温精度不低于 ±2℃ 或测量值乘以 ±2%
20		红外热灵敏度	无人机红外相机热灵敏度不小于 0.1K
21		黑匣子适配功能	无人机能定位分析异常原因
22		无人机固件升级功能	无人机支持远程固件升级

7.1.2 电网设备无人机自动机场的设备及备件管理

1. 电网设备无人机自动机场设备管理

自动机场设备部件图如图 7-1 所示。

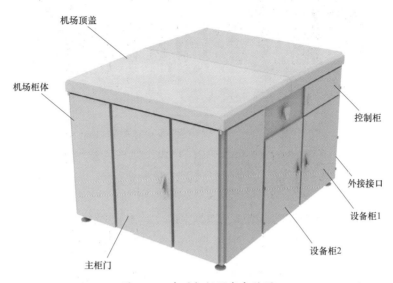

图 7-1　自动机场设备部件图

（1）自动机场控制柜。

控制柜中集成了本系统重要控制按钮和控制面板，包括总电开关、急停按钮、机场控制面板和地面站系统显示屏，如图 7-2 所示。

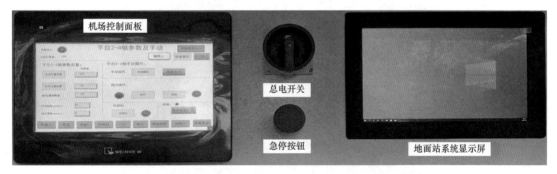

图 7-2　机场控制柜示意图

（2）自动机场设备柜 1。

设备柜 1 内设置有自动机场主要执行机构和大功率设备的控制开关与空气断路器（简称空开），包括升降平台、机场顶盖、归中装置的控制开关，以及总电源、空调、电池充电器、UPS 电源、伺服电机、内部插座等的空气断路器（简称空开），如图 7-3 所示。

（3）自动机场设备柜 2。

设备柜 2 内配置有自动机场数据通信、处理、存储相关模块和电池充电设备，主要包括工控机、交换机、信号控制器、信号转换器、录像机以及智能电池充电器等，如图 7-4 所示。

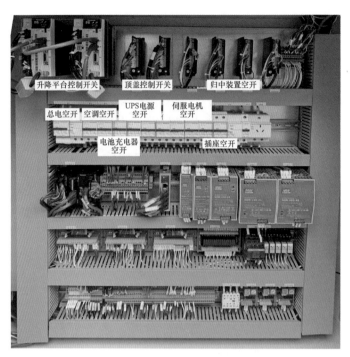

图 7-3 设备柜 1 示意图

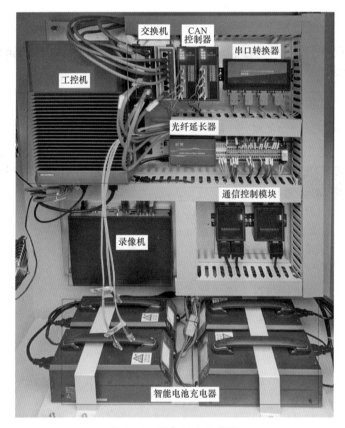

图 7-4 设备柜 2 示意图

2. 电网设备无人机自动机场备件管理

无人机自动机场备件管理的重要性在于确保机场无人机的持续运行和安全性，实现备件库存的实时监控和自动补充，提高备件的管理效率和准确性。这样可以有效减少因备件短缺或故障而导致的机场无人机停机时间，同时也能够及时发现和解决潜在的安全隐患，提升机场无人机运行的可靠性和安全性。表 7-3 是无人机自动机场备品备件清单。

表 7-3　　　　　　　　　　　无人机自动机场备品备件清单

序号	名称	数量	单位	备注
1	风速仪	1	个	
2	风向仪	1	个	
3	雨量器	1	个	
4	气象站三拖一线缆	1	根	
5	暴力风扇	2	个	
6	天线	2	根	
7	天线馈线	2	根	存放时避免折弯
8	限位开关	2	个	
9	限位开关扳手	2	个	
10	串口线	1	根	
11	网线航空插头	1	个	
12	六角扳手	1	套	
13	灯架	2	个	三脚架 1 个，不锈钢架 1 个
14	防风底座	1	个	

3. 电网设备无人机自动机场维护保养设备管理

无人机自动机场维护保养设备管理的重要性在于提高机场维护保养工作的效率和可靠性。这样可以减少人为错误和延误，提高维护保养设备的利用率和效率，同时也能够更好地进行维护保养设备的故障诊断和预防性维护，降低维护保养成本和提升机场维护保养工作的质量和效果。通过无人机自动机场维护保养设备管理，可以实现对维护保养设备的精细化管理和优化，确保机场无人机的持续运行和安全性。无人机自动机场维护保养需要用到的材料及设备有高温黄油、刷油毛刷、加油枪、内六角扳手套装，如图 7-5 所示。

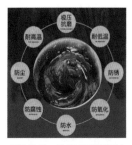
高温黄油：特耐高温润滑油

刷油毛刷

加油枪

内六角扳手套装

图 7-5　自动机场维护保养常用工具器

7.2　电网设备无人机自动机场维护与保养

为了更好地保障人员、机场、无人机及设施安全，确保机场及无人机的高效、可靠运行，无人机自动机场应由授权人员实施有效的维护和保养。

7.2.1　维护保养计划

机场及其服务的无人机维护保养应由专人负责并形成制度，做好工作日志和数据记录并定期评审、复查。要经常对比机场及无人机外观和关键性能以及发生的变化、趋势做出分析、判断。对运行、使用及维保中发现的故障、异常、问题等应详细记录并及时向现场管理人员报告。出现问题的设备及零部件在拍照保存或视频保存状态后应及时维修、更换并补充、增加相应备件，消耗材料、易损件及需定期更换的配件应提前订购并注意储存环境、妥善保管，对造成故障、异常的原因要认真分析、讨论并及时通报、采取措施、跟踪结果、总结经验教训，避免反复损坏、大量消耗。

维护保养分日常维护保养和定期维护保养两类。其中，无人机检测保养、机场外观检视、清洁和充电系统维护属于日常维护保养范围，见表 7-4，应安排维护保养人员经常性、定时实施，例如每日、每周、每月设置固定的维护保养时段，这样有助于明确预期的维护保养任务计划，防止维护保养与机场的运用频繁冲突。机械维护保养属于定期维护保养范围，应由具备相关授权的专业维保人员按计划实施。此外，维保人员还应通过定期飞行任务测试和年度检验确认机场、无人机的性能指标和健康状况。

表 7-4　　　　　　　　　　　　无人机自动机场维护保养关键点

项目	维护保养内容	维保间隔	主要维保项目
1	无人机检测保养	不长于 7 天	无人机、载荷、电池、充电附件等
2	外观检视	不长于 1 个月	设备完整性、外观、安装状态等
3	供电检测	1 个月	机场通电状态，供电电压、电流
4	内部检查	1 个月	门锁、内部设备、电缆
5	机场清洁	1 个月	清除杂物、尘垢、积水等
6	充电系统维护	不长于 1 个月	触点、行程、电压、电流、压降等
7	机械维护保养	3 个月	紧固、润滑等
8	任务测试	不长于 3 个月	完成自动起飞、降落和充电任务
9	年度检验	12 个月	按出厂要求全面测试机场各项参数指标

　　机场维护保养应选择没有飞行任务的时段或日期进行，见表 7-5，耗时较长的维保和任务测试、年度检验应根据天气预报选择无大风和降水概率低的日期、时间。机场运用单位应与维保部门、人员保持沟通，对计划内的维护保养约定好具体日期、时间。计划外维保、紧急维保在条件允许时应协调维保人员及时安排。

　　在预定的维护保养计划外，运用单位及现场人员平时也应通过机场视频监控、无人机视频监控或现场观察注意各种不正常的状态、现象，有疑点时可以安排现场勘察进一步确认，发现隐患或其他必要情况时可以中止任务，现场确认无故障后再恢复使用。

表 7-5　　　　　　　　　　　　机场定期保养检查表

组件	任务	周期	方式
总体	检查机场本体、气象杆表面有无损坏、变形、缺失、锈蚀、涂层剥落等	季	检查
总体	清理机场内部杂物	季	清理
总体	检查机场内部无漏雨渗水，有异常处理	季	检查
总体	检查密封条有无老化、开裂、发硬、撕裂、粘接、缺少等异常，有异常更换	半年	检查
总体	检查前后氛围灯工作正常	季	检查
总体	检查机场接地正常，接地线无断裂松动	季	检查
总体	检查机场、气象杆进出走线，电缆无损坏，电缆槽、盖板等防护正常	季	检查
总体	检查内部零件锈蚀情况，如有，砂纸或油石打磨后，非运动工作面喷涂防锈油，运动工作面涂油脂，若锈蚀严重影响了动作功能或明显影响外观，则需更换	季	检查
总体	导轨润滑保养，如发现缺油或干结须进行润滑处理。滑块有润滑盒，检查润滑盒有无损坏、脱落、少油；滑块无润滑盒，往滑块内注油直至将老油排出	半年	润滑

组件	任务	周期	方式
总体	开机，所有运动组件动作各来回 5 次，观察各动作平顺、无异常、无异响	季	检查
总体	检查查看遥控器充电是否正常，MSDK 供电是否正常	季	检查
总体	检查机场内部是否整洁无异物；平台干净位置正确；飞机处固定待命状态，机身桨叶整洁无异物	季	检查
归中机构	如果发现同步带松动或有跳齿现象，应检查中心距是否正确或松动，否则应进行调整或加固	季	检查
归中机构	检查归中杆无损坏、变形、歪斜等	季	检查
归中机构	检查机腿探针有无变形、损坏	季	检查
降落平台	检查平台贴纸二维码区域完好	季	检查
顶门	检查齿轮润滑情况，如润滑不良涂抹润滑脂	季	检查
顶门	检查齿轮啮合情况，无磨损、无断齿异常	半年	检查
天线组件	检查天线组件打开和闭合位置有无异常	季	检查
空调	检查空调制冷效果，若有异常，按照空调用户手册排查故障	季	检查
站端软件	检查查看站端软件是否运行正常，各组气象数据是否显示正常，飞机第一视角的画面是否正常显示（如果不正常可重启该软件）	季	检查
空气开关	检查查看电气柜中的各个空气开关有无"跳闸"，电气设备正常供电	季	检查

7.2.2 机场维护保养的实施流程

1. 维护保养前准备

维护保养人员应事先熟悉了解机场配置及所使用的无人机，了解场地特点和相关安全规定。在维护保养任务前准备好所需工具、材料和设备，并带上必要的记录册和相机。执行维护保养任务前应得到运用单位的许可、确认天气条件适宜并做好天气突变的准备。现场人员应负责保障维护保养期间的安全、出入授权、电力供应、宽带网络接入和环境照明。

2. 维护保养实施过程

维护保养工作应等待飞行任务结束后开始，并向机场运用单位通报实施和维护保养结束的情况，以确保机场安全并尽快恢复正常使用。维护保养过程中，运用单位应安排操作人员值守，按维护保养人员要求执行动作、任务或监控机场管理系统的数据、状态。需进行飞行任务测试时，应要求现场预留测试用无人机。

维护保养人员到达现场后应评估当时的环境温度和风速、能见度等气象条件是否满足机场及无人机产品说明书提供的极限运用参数。若不满足条件应暂不执行受影响的维护保养任务。维护保养过程中突然遇到大风、雨雪、浓雾、冰雹、沙尘等危及人员、机场或无人机安全的天气情况应立即中止作业并关闭机场。

3. 维护保养后测试

完成机场清洁、内部检查、充电/机械维护保养后，必须对机场功能进行完整测试，以防止维护保养过程中对机场造成损坏。如果在机场功能测试、任务测试或年度测试中发现问题或无法通过测试，维护保养人员应向运用单位报告问题和无法通过的具体参数/项目、实测指标，并提出维护保养建议。在得到许可后，可以进行维护保养。维护保养完成后，应重复完整的测试过程，直到机场达到测试要求。

7.2.3　无人机检测保养

无人机不属于机场设备，但由于其负荷大、功耗高、受环境影响大、容易损坏且运行风险高，应日常重点、高频率维护保养。

检查无人机及相机等载荷设备的外观、结构，清点部件是否完备，观察是否有污损、裂痕、变色、软化、硬化、老化、有无异物附着。

检查机身、机翼/桨叶、起落架、充电附件等有无变形、移位；外露的导线、电缆、连接器有无松弛、脱落、破损；外置、载荷设备如天线、云台、相机等的位置、角度、朝向是否正确、有无异常；镜头等光学器件是否有污损、进水，表面有无异物遮挡；天线附近有无金属屏蔽物体遮挡或粉尘粘附。

检查云台、桨叶的旋转是否灵活、正常，有无不正常的摩擦、卡滞、阻力、窜动和异响。

关机并取下无人机电池，检查是否有胀鼓、漏液；检查电池、电池插座的触点和充电极板等导电接触面是否有氧化、烧蚀、击穿、污染、炭黑等接触问题及表面磨损、变形等机械损伤。

使用柔软织物擦拭、清洁机身、机翼/桨叶、起落架、云台、天线、电池、电池插座、充电附件等部位的灰尘、污垢、异物，但不得使用液体、溶剂以防止进入机身内部造成漏电、腐蚀，影响无人机性能和安全，清洁相机镜头应使用相机原厂指定的清洁工具、材料和方法。

试图紧固螺栓、螺母、卡扣等可拆卸零件、部位，发现有松动的应及时记录并分析原因、评估风险。

开机通电，若无人机及外置计算/控制模块装有风扇，检查风扇噪声是否正常。

在非机场任务时间、天气光照条件允许情况下，使用单独遥控器（勿使用机场专用遥控器）完成无人机对码/配对、自检和地磁、视觉校准，操纵无人机完成悬停、环绕、直线飞行等典型动作，确认各项性能数据满足使用要求。

观察、记录电池在测试中的电力消耗情况并与以往数据比较，判断电量变化水平是否正常。如果有多个、多对电池，应注意比较不同电池间的性能差异并做好排序、记录。对已经接近使用寿命期限的电池应及时更换。

7.2.4　机场日常维护保养

机场日常维护保养包括外观检视、机场清洁和充电触点、射频气象站的维护保养。日常维护保养中发现异常的，应分析原因、评估后果、妥善处理并记录处理方式和结果。处理完毕应对机场运行状态做重新测试，根据测试结果判断、决定机场是否可以继续使用。

1. 外观检视

应经常巡视机场及周边区域，检查机场是否完整、有无设备丢失，观察设备外观和内部情况，判断设备和零部件是否处于正常的安装状态，留意机场区域及附近有无可能影响机场及无人机安全的物体和情况。

机场检视主要内容包括机场外壳、顶盖、舱门、平台、推杆、充电卡爪、风扇、空调、照明灯和射频气象地面站的射频箱、塔架、天线和风向、风力、雨雪传感器等。检视中注意固定设备、零部件是否松动、摇晃，运动部件工作过程有无异响，设备、零部件的位置、形状、朝向、颜色、表面涂层等是否因大风、无人机撞击或人为因素等外力作用发生变化、受到损伤。

手动转动风向传感器，观察机场管理平台是否能正确显示全部 8 个风向。手动转动和止住风速传感器，观察机场管理平台是否能正确显示风速。将水滴在雨雪传感器上，观察机场管理平台是否能正确显示雨雪警示；擦干传感器上的水，观察雨雪警示是否随后解除。

联系操作人员将机场设置为测试模式，执行循环动作指令至少 3 次，往复开合顶盖、升降平台和归正、释放无人机，注意动作过程是否连贯流畅、有无异常振动、噪声、卡顿、倾斜或摇摆。

2. 供电检测

机场应长期处于通电待机状态，带电指示灯常亮。如果发现机场处于断电状态，所有灯都不亮，应判断断电原因，确认断电非故障造成且机场内外部没有其他人员正在维护后，再开启外部电源，具体排查步骤详见后续常见故障及维修方法，机场控制面板如图 7-6 所示。

机场工作状态下，使用计量校准过的仪表测量、记录供电电压和电流并判断是否满足规格参数的要求。

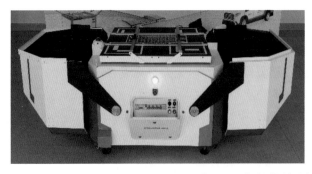

图 7-6　机场控制面板

3. 内部检查

切断机场外部供电，逐个仔细检查机场各舱室及射频气象地面站是否处于锁闭状态，内部设备、部件是否在原位，有无松脱、掉落，舱内有无积水、灰尘、异物。检查射频箱内遥控器电量指示是否已满。

检查机场及射频气象地面站的外部、内部电缆及连接器是否有松弛、散开、晃动、脱落等现象，如有发现应适当收紧、捆扎；检查电缆及连接器是否存在受压、拉伸、过度绷紧等应力集中问题；检查电缆弯曲半径是否符合要求，有无过度弯折。检查地面电缆是否能被踏板、护坡等有效保护，有无裸露或接触地面。

4. 机场清洁

应定期清洁机场、射频气象站外壳和机场的无人机舱、平台、推杆。应仔细查找、清除设备外部及机场无人机舱内的杂物、尘垢、积水等妨害机场长期稳定工作的物体，有条件时可使用吸尘器等设备清除无人机舱内的异物。清洁过程中要注意不能损坏设备、零部件、导线/电缆、连接器等。机场无人机舱内清洁可以使用湿布但按压时不能有水挤出。机场电气舱不得打开清洁以防损坏。机场降落码清晰状态如图 7-7 所示。

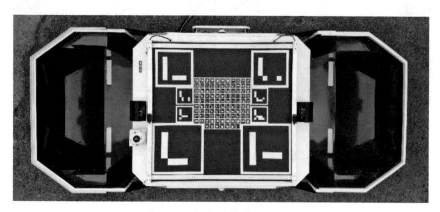

图 7-7　机场降落码清晰状态

5. 充电系统维护保养

维护保养人员应联系机场操作人员打开机场，将平台升至高点，仔细检查充电卡爪的触点，观察其是否有氧化、变色、腐蚀、缩进及缺损。然后将无人机放置在平台上，操作机场执行收纳、充电任务，观察、测量、记录卡爪的伸缩量和无人机、充电卡爪端的充电电压，判断是否满足规格参数说明中有关额定无人机授电电压的要求，卡爪弹针触点示意图如图 7-8 所示。

图 7-8　卡爪弹针触点示意图

6. 温控系统维护保养

机场外挂空调，每两月定期清理，用高压喷壶对准外机上侧进风口扫射喷洗，分 4 次清洗，每次喷水量小于 5L，每次间隔时间 10min，自动机场温控系统示意图如图 7-9 所示。

图 7-9　自动机场温控系统示意图

注意事项：空调外机清理，当室外温度低于 0℃，不可清理；当室外温度高于 5℃时，可用常温清水清理；当小于 5℃时，用 10~30℃温水清理。对于风沙较大环境，清理周期建议每月 1~2 次。

7.2.5　机械维护保养

机械维护保养人员应仔细检查机场各部分的外观、结构、电气连接和机械安装、配合情况。试图紧固螺栓、螺钉，注意是否有松动。适当收紧链条、张紧皮带。更换顶盖接缝及四周的密封条。使用固态润滑脂适当润滑顶盖导轨和平台牵引链条、驱动丝杠及其他金属啮合部件。针对可能存在故障或不良的机械部件，应主动更换或修复。全部部件、部位保养结束后应执行任务测试。

7.2.6　任务测试

维护保养人员应协调运用单位推送需要完成的典型飞行及充电任务至机场进行测试，测试过程中应观察并记录机场、无人机的释放、收纳及充电过程是否正常、通畅，任务指标是否满足规格参数的要求。任务测试过程应无故障、无中断。任务测试因无人机、机场故障或用户原因中断的，应重新测试完整流程。

7.2.7　年度检验

维护保养人员应每年对机场按出厂检验要求进行一次详细检测并出具检测报告。年度测试应包括任务测试或在年度测试通过后即执行一次任务测试。

年度检验存在一些地域差异性，其影响因素如下：

1. 气候环境

在寒冷的地区，无人机的电池寿命较短，需要更频繁地更换；在湿润的地区，无人机的机身需要更加防潮；在沙漠地区，无人机的滤网需要更加频繁地清洗。因此，在不同的气候环境下，无人机自动机场维护与保养所需要采取的措施也会有所不同。

2. 地形地貌

在山区地区，无人机需要经常进行高空飞行，因此其传感器需要更加精准；在海岸线附近，无人机需要更加注重防水防潮；在城市密集区域，无人机需要更加注重避开建筑物、电线杆等障碍物。

3. 文化背景

在一些西方国家，无人机需要遵循更加严格的航空法规，需要更加注重安全和隐私保护；而在一些亚洲国家，无人机的使用也可能受到更多文化、宗教因素的限制。

4. 资源条件

在一些发达国家，无人机自动机场维护与保养所涉及的技术、设备等资源更加充足，因此可以采取更加高端的维护保养措施；而在一些发展中国家，无人机自动机场维护保养所涉及的技术、设备等资源相对较少，因此需要更加注重节约资源的同时实现维护保养的目标。

7.3　电网设备无人机自动机场故障诊断与维修

7.3.1　电网设备无人机自动机场故障诊断设备

根据自动机场可能存在的故障，通过硬件、软件平台等多种方式对无人机自动机场进行故障诊断，其中典型故障诊断设备见表 7-6。

表 7-6   典 型 故 障 诊 断 设 备

序号	设备	指标	图例
1	电压表	（1）频响范围 10~10MHz，基本精度 ±2%。 （2）直流输出电压 -1V（逢 10 量程）。 （3）电源要求：198~242V AC，475~ 52.5Hz。 （4）功耗≤6VA	
2	RJ45 网线	6 类网线	
3	笔记本/工控机	地面站工控机或者调试笔记本电脑	 地面站系统显屏

7.3.2 电网设备无人机自动机场常见故障诊断

1. 现场故障诊断

机场正常工作待机时，其四角指示灯应常亮绿灯；机场开机启动时其指示灯应呈绿色并以特定的频率闪烁；当机场正在动作时，其指示灯应呈红色闪烁；当机场给无人机充电时，其四角指示灯应呈黄色呼吸状态，现场故障诊断详见表 7-7。

表 7-7   现 场 故 障 诊 断

序号	故障现象	故障诊断
1	机场的指示灯不亮	检查有无外部交流供电输入

序号	故障现象	故障诊断
2	机场红灯常亮	测量电气舱、电源舱各主要电源部件的输出电压
		查看遥控信号质量
3	遥控距离不足	检查射频地面站
4	无法充电或速度慢	充电时观察指示灯
		测量读出电池温度
		无人机未正常归位
5	机械噪声大	排查噪声来源
6	没有气象数据	排查气象站电缆
7	无法获得监控视频	检查摄像头电缆
8	无法调用机场	排查通信故障

2. 远程故障诊断

若本系统在运行过程中发现异常，会自动在远程综合管控平台的实时监控页面进行**报警**提示，同时与自动机场相关的异常也会同步在自动机场控制面板的报警界面进行提示，操作人员可根据系统故障报送内容进行问题排查或联系运维人员进行处理。

7.3.3　电网设备无人机自动机场常见故障排除方法

便捷快速处理无人机常见故障，能更有效保障无人机自动机场的稳定可靠运行，常见故障排除方法见表 7-8。

表 7-8　　　　　　　　　电网设备无人机自动机场常见故障排除方法

序号	故障现象	排查步骤	排查结果	可能的故障原因和维修方法
1	机场的指示灯不亮	检查有无外部交流供电输入	外部供电正常	打开机场电源舱，观察电源进线空气开关断路器位置，如果处于关断位置应谨慎打开
2			没有外部供电	检查外部供电电源插座和上级配电箱、空气开关断路器，判断是否有漏电后谨慎打开
3	机场红灯常亮	测量电气舱、电源舱各主要电源的输出电压	全部输出电压正常	机场异常：应与主控计算机通信获得故障代码并根据代码提示进一步排查故障
4			有电压与标称不符	负载故障或电源有损坏：进一步测量各电源负载看是否有短路或过流，没有则更换电源
5	遥控距离不足	查看遥控信号质量	信号强度较弱	无人机天线故障或信号有遮挡、干扰：更换无人机重新尝试，观察视距范围内有无障碍物、干扰源
6		检查射频地面站	天线、插头有松动	固定好天线，紧固各连接器、插头等

序号	故障现象	排查步骤	排查结果	可能的故障原因和维修方法
7	无法充电或速度慢	充电时观察指示灯	指示灯在黄色渐变	确保充电卡爪表面及无人机充电板无氧化、发黑、损坏、脏污、异物堵塞等现象
8		测量读出电池温度	电池温度较高	等待电池降温后再继续充电飞行
9	无法充电或速度慢	无人机未正常归位	推杆没有到位	无人机起落架底部是否光滑、有无损坏脱落，手动测量推杆阻力
10	机械噪声大	排查噪声来源	确定噪声来源部位	根据部位类型确定紧固该部位零件或适量添加机械润滑脂（不可加注液态润滑油）
11	没有气象数据	排查气象站电缆	电缆或插头脱落	连接电缆、紧固各气象传感器的通信电缆连接器并用扎带将电缆固定牢固
12	无法获得监控视频	检查摄像头电缆	电缆松脱或破损	更换电缆及连接器，使用防水接头密封电缆连接处
13	无法调用机场	排查通信故障	网络或电缆故障	根据各级通信调试信息确定故障、断点，找到并更换不良设备或电缆

第8章
电网设备无人机自动机场未来展望

无人机自动机场建立在民用无人机的成熟技术上，在发展初期已然取得良好的应用效果。下一步，无人机自动机场技术研究将主要聚焦智能化、集群化和高可靠性三个方面，同时追求应用上的多任务、多场景和深度化，不断提高任务执行能力、降低布置成本，推动"机器代人"进一步发展。

8.1 电网设备无人机自动机场技术展望

8.1.1 智能化

1. 缺陷识别技术

经过几年技术迭代和海量样本训练，基于人工智能算法的设备缺陷自动识别技术的准确率得到显著提升，一般缺陷识别率可达90%以上，但仍存在改进空间：

（1）不同专业发展速度不一，变电、配电专业起步晚，缺陷样本数量少，因此需要运用基于逻辑推理认知为约束的人工智能缺陷识别算法，实现小样本训练条件下准确率快速提高的目标。

（2）缺陷识别准确率受照片质量影响较大，逆光、雾气等环境中拍摄的无人机照片识别率低，照片预处理技术尚需研究投入。销钉级缺陷识别率偏低，需要结合无人机拍摄能力提升过程逐渐克服。

由无人机自动机场进行图像缺陷识别已逐渐成为研究热点。一方面，无人机受限于载重量和续航能力，搭载额外高算力硬件性价比不高。另一方面，由无人机自动机场承担边缘计算工作，只向管理平台发送问题照片，可以显著降低通信压力。

2. 全自主飞行技术

电力行业巡检环境相对稳定，因此电力无人机自主巡检主要运用采集点云数据规划三维航线或人工示教方式进行，单独采用基于视觉识别的自主飞行方式应用较少，此种方式更适用于高频次探索新环境场景。但同时，固定航线存在适应能力差、受定位精准度影响大等问题，因此需要在固定航线的基础上改进无人机飞行策略，提升无人机自主巡检灵活度，分为三个方面：

（1）研究基于激光雷达实时定位与三维构图能力的自主飞行技术，以设备粗略定位和拓扑关系信息为数据依据，通过基于实时点云和影像的电力设备目标识别技术实现无人机全自主飞行和激光点云数据采集，包括首设备自动识别搜索飞行、自主沿设备飞行以及尾设备自动转向飞行。

（2）研究无人机自主飞行过程中的自动避障技术，通过对实时点云和影像数据的各类目标障碍物即时识别，实现飞行安全隐患预警，飞行控制系统基于飞行安全隐患数据自动避障，从而实现无人机全自主智能避障。

（3）研究无人机自主飞行时的智能辅助拍照技术，基于实时点云和影像数据，通过空间特征提取算法和人工智能识别算法实现无人机对目标设备的精准对焦拍摄。

3. 仿线飞行技术

当前无人机技术在输电杆塔本体和通道环境的巡检方面已实现了自主化，但导线巡检仍然主要依赖于人工操作，因此需要开展输电线路无人机仿线飞行技术研究，提升输电线路运维技术水平，主要分为以下三个方面：

（1）研究基于激光雷达的无人机自主仿线飞行技术。研究的输电线路导线仿线导航系统包括无人机飞行平台、数据通信链路系统和数据处理终端。无人机飞行平台以多旋翼无人机平台为载体，搭载单线激光雷达、GPS 定位模块、可见光相机模块，实现仿线自动巡检和图像数据的同步采集。

（2）研究激光雷达测量线树距离技术。无人机搭载激光雷达，通过算法检测到导线与线行树木最小净空距离，距离数据作业现场实时显示，如检测到导线与线行树木距离低于设定的阈值，无人机将自动记录该树障点相关信息，巡检报告现场生成。同时，通过获取树障等缺陷点的 GPS 等相关信息并加载到系统地图中，实现对运维人员对缺陷的精细化管理。

（3）研究架空导线弧垂检测及交叉跨越测量技术。无人机飞行平台沿高压线路搭载光学相机定点飞行至检测区域，利用 IMU 传感器进行角度扫描测量，结合二维激光雷达扫描到的距离数据以及空间定位系统采集的空间位置数据，获取该个区域空间三维空间点云数据。通过基准站上的 GPS 接收机和数据发送电台，实时确定无人机飞行位置，利用无人机飞行姿态参数的修正实现高精度位置测量。同时，记录交叉跨越式的上下两个点云采集数据记录在内存空间中，并规划设计无人机飞行平台的飞行路线，对待检区域进行分块，而后对每块区域采集到的空间位置数据进行统计和分析。

4. 缺陷告警预警技术

随着科技的飞速进步，无人机技术、传感器技术、人工智能和机器学习等领域的发展将为电网的缺陷告警预警技术提供强有力的支持。高分辨率相机、红外传感器、激光雷达等设备能够捕捉到电网设备的微小变化和异常情况，无人机将更精准地发现电网设备的异常变化，更高效地处理和存储大规模数据，从而实现更早、更准确的缺陷告警。通过训练模型，无人机可以自动识别电力设备的异常情况，实现自动化的缺陷告警，且随着算法的不断优化和模型的改进，预警的可靠性将进一步提高。

8.1.2　集群化

1. 无人机集群控制技术

多无人机相互协作完成对任务环境的感知，通过混合组网技术实现多无人机之间信息的快速传递共享，完成对任务区域的大范围监测。当视距通信陷入盲区时候，可以通过多机中继实现无死角覆盖。无人机群系统不依赖于单独的个体，当部分个体离开或加入群系统时，整个机群系统仍具有一定的完整性，可继续执行任务。

2. 网格化资源合理性分配技术

网格化部署自动机场并统一调度可以提高大幅自动机场利用率，降低布置成本，扩大无人机自主巡检覆盖范围。无人机网格化巡检的自动机场布点与调度策略技术的核心是网格化资源合理分配问题。

自动机场网格化运维调度涉及的任务类型主要包括定期巡视、特殊巡视、夜间巡视、工程验收和故障巡视五类，五类巡视任务的优先级不同，每一个自动机场的作业范围涉及多种设备类型。当调度系统接收到多个类型多条线路的巡视任务时，需考虑到自动机场的充电时间、无人机的飞行环境条件是否允许、自动机场对无人机的调度的定时和延迟任务控制以及任务的优先级控制等各种复杂情况。因此，需要研究在即时和定时自主作业模式下作业时间控制方法和技术、在设备多场景多任务巡视作业情况下的任务智能调度技术、在不同类型场景和任务的自动机场调度优先级控制策略、多任务的自动机场调度智能队列排序方法以及多场景多任务融合作业调度方法等。

8.1.3　高可靠性

为了提高无人机与自动机场的通信距离，地面基站需要采用增益较高的定向跟踪天线，在天线波束不能同时覆盖多架无人机时，则要采用多个天线或多波束天线。在不需要任务传感器信息传输时，地面基站一般采用全向天线或宽波束天线。当多架无人机超出视距范围时，可采用多传输类型混合组网的中继方式。

通信混合组网技术旨在研究无人机巡检系统基于 4/5G、LoRa 物联网、混合组网无线数据链、卫星等多种通信方式自动切换、混合组网，这项技术能支持大量无人机及自动机场同时接入网络，提升无人机数传、图传、RTK 通信的半径，如图 8－1 和图 8－2 所示。

由于地球曲率影响，无线电视距传播受到极大的影响，再加上基站周围地形因素的影响，往往通信距离小于 50km。当使用无人机混合组网通信链路时，离基站最近的自动机场除了承担任务机的角色以外，还承担着中继机的角色。当加入中继基站后，数据链的通信距离范围可以增加到 150～200km。混合组网使所有无人机机场间不再是简单的链式结构，即使其中任一环节出现故障，整个系统也不会瘫痪，抗干扰能力得到大幅提高。自动机场的巡检数据经过无线通道传输至变电站后，利用变电站自有的通信网络将巡检数据回传至主站，实现数据实时回传。

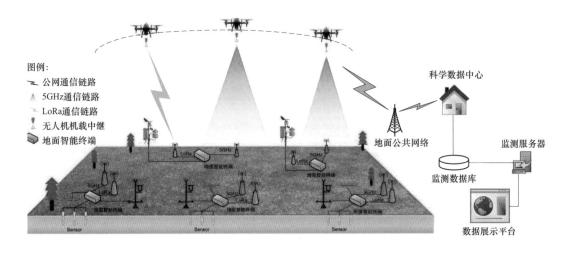

图 8-1　无人机混合组网示意

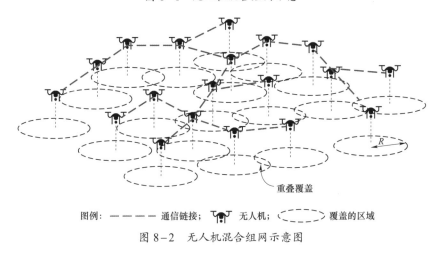

图例：------- 通信链接；　　无人机；　　　覆盖的区域

图 8-2　无人机混合组网示意图

8.1.4　便捷式

研发可以实现与无人机自动机场的智能交互。用户可以通过简单的指令或语音交流，与无人机自动机场进行互动，实现快速部署和灵活操作。此外，还可以考虑开发智能手机应用程序或控制台，使用户可以通过手机或电脑进行远程操作和监控，进一步提高操作的便捷性。

1. 数据管理和安全保障

数据管理和安全保障是在便捷式发展中需要加强的方面。建立完善的数据管理系统，确保无人机自动机场产生的数据的安全性和可靠性。这包括数据存储、传输和处理等环节的安全保护，以防止数据泄露和恶意攻击。同时，加强对无人机自动机场的安全监控和防护措施，确保操作的安全性和稳定性，防止不良事件的发生。

2. 标准化和规范化

推动标准化和规范化是实现便捷式发展的必要手段。制定相关的技术标准和规范，促进无人机自动机场技术的统一性和互操作性。这有助于不同设备的兼容性和相互协作，推动行业间的合作与交流。此外，还可以建立培训和认证机制，提供相关的培训和认证服务，确保操作人员的素质和技能水平，进一步推动无人机自动机场技术的便捷式发展。

通过上述设计思路，无人机自动机场技术可以实现便捷式发展，为各个领域的应用提供更多机会和创新。无人机自动机场技术的普及和推广将为社会的发展和进步带来积极的影响。

8.1.5 小型化

1. 紧凑、灵活的自动机场设施

针对小型无人机的特点，需要设计更加紧凑、灵活的自动机场设施。这包括地面设备、起降跑道、停机坪等基础设施的缩小和简化，以适应小型无人机的需求。同时，考虑到小型无人机在城市等繁忙环境中的应用，还需要充分考虑机场设施与周边环境的融合性和安全性。

2. 电子元器件和动力系统

使用高效节能的电子元器件和动力系统是实现机场小型化发展的关键。研发低功耗、高效能的电子元器件和传感器，可以降低设备的能耗，延长无人机的续航时间。采用新型高能量密度的电池和高效的充电技术，可以提高无人机的电力供应效率。此外，还可以考虑利用太阳能和风能等可再生能源，为无人机提供清洁能源，减少对传统能源的依赖。

3. 自动化技术

自动化技术在小型无人机机场的应用至关重要。无人机的自主起降、导航、停车等功能需要通过先进的自动化技术实现。例如，利用先进的无人驾驶技术和自动驾驶控制算法，实现无人机的精准起降和停靠；通过智能感知系统和通信技术，保障无人机在机场内的安全飞行和避障能力。

4. 管理和调度

针对小型无人机的管理和调度问题，也需要设计相应的自动化系统。这包括无人机的航班计划、排队等待、指挥调度等环节。通过自动化调度系统，可以实现多架无人机在有限空间内的高效运行，提高机场的吞吐量和效率。

5. 安全保障措施

安全是小型无人机自动机场设计的核心考量。针对小型无人机的特点和应用场景，需要设计全面的安全保障措施，包括飞行安全管理、应急响应预案、飞行监控系统等。同时，在设计阶段就需要充分考虑防范飞行事故、保障周边环境安全的相关措施。

综上所述，小型化的无人机自动机场技术设计思路需要从设施、电子元器件、动力系统、自动化技术、管理调度和安全保障等多个方面综合考虑，以适应小型无人机的特点和不断增长的应用需求。通过科学合理的设计，可以实现小型无人机在城市、乡村等各种场景下的安全、高效运行，推动无人机技术的广泛应用和发展。

8.1.6 长续航

1. 高储能技术

高能量密度、高功率密度、高循环寿命、高安全性储能技术的开发，尽管目前储能技术比较成熟，在动力汽车领域有成熟的应用，但其电池组重量很大，无法满足无人机小型化、轻量化的需求，其材料技术手段有待进一步加强。此外，电池管理系统的智能优化，移动无人机机场的建立，与可携带高能量密度电池组的无人车协同工作，也适用于锂电池动力无人机系统，并且可通过开发及优化无人机智能飞行系统，设计高效的无人机自主充电或自主换电网点，实现无人机续航能力提升。

2. 多学科领域的交叉融合

多学科领域的交叉融合也是无人机机场发展的重点方向，完整、优秀的电源或光动系统，不仅要求其电源、激光系统的各个组件具有相匹配的光电特性，还应适用于各种工作环境，需设计与之匹配的电源管理及目标跟踪系统，并要求开发合适的无人机机场构型。

8.2 电网设备无人机自动机场应用展望

8.2.1 全业务

传统无人机巡检业务模式下，输变配等各专业存在专业壁垒，各自独立开展巡检，同一区域各专业人员重复往返，巡检策略单一，人力物力消耗大。无人机机场作为新型智能巡检装备，在输变配专业开展了应用，但是在其他专业应用较少，未在基建、调度、营销等专业领域发挥价值，应用广度与深度显著不足，应用价值有待进一步释放。

基于无人机机场在输配变专业领域应用的成果，推进无人机机场业务发展，业务范围向规划、设计、基建、调度、营销等专业延伸，推动无人机自动机场全业务深化应用，充分发挥作业优势，有力保障电网设备安全运行。

1. 网格化协同巡检

利用全量设备位置信息，叠加网格巡检业务图层，通过整合各专业台账和航迹数据等资源，打破传统无人机巡检单一专业执行的模式壁垒，实现由"巡线"到"巡面"的转变。以自主航迹规划、最优巡检路径规划算法为核心，结合各类无人机机场性能、适用范围、巡检需求、巡检任务类型等要素，基于无人机机场生成区域最优巡检路径，实现输变配网格化任务自动规划及协同自主巡检。

2. 辅助工程规划、设计

基于无人机自动机场，运用无人机激光雷达三维扫描，完成线路架设环境勘查与复核，结合电网三维平台成果数据，进行电网工程仿真规划设计，综合地形、地貌及无人机可视化查勘等数据信息，辅助工程选址选线等应用工程可视规划设计，革新电网工程规划设计方式。

3. 工程数字管控

利用无人机自动机场技术、无人机倾斜摄影、激光点云、5G+人工智能识别算法等新兴技术，对工程建设区域的地形、建筑、环境、电网资源等信息进行深度数据采集，融合工程项目管控业务，实现基建业务管控直观、可视，施工状态三维、立体，现场感知全面、实时，安全质量管控科学、高效。

4. 输电光缆融合作业

针对光缆巡检作业智能化水平低的现状与国家电网有限公司亟须加速电网数字化转型需求，围绕通信专业光缆巡视业务痛点，基于通信专业光缆巡检类别划分标准，结合输电专业无人机巡检业务，综合无人机自动机场、通信光缆巡视点位、输电线路巡检航迹信息，开展无人机巡检作业，及时发现光缆隐患及缺陷信息，为光缆设备检修提供数据支撑。

5. 辅助营销资源规划与管控

开展基于无人机自动机场的电网用电资源勘察与数据采集作业，结合设备台账与拓扑、线路负荷、业扩增容等信息，为营销规划设计业务、工程投资建设提供整体供电方案支撑。其次，综合营销资产管控业务痛点，通过无人机对分布式光伏等新型清洁能源设备开展巡检作业，确保及时发现设备隐患，准确定位缺陷位置信息，有效降低项目投资损耗风险。

8.2.2　全自主

无人机机场作为无人机起飞、停放、充电的平台，可为无人机自主巡检提供通信、导航及能源保障，是提升无人机巡检自主化和可靠性的关键支撑。基于无人机自动机场、移动机场等智能化装备，结合无人机自动机场相关技术攻关成果，提升无人机的全自动巡检作业、自动充电与维护、多无人机协同作业能力。

1. 全自动巡检作业

利用无人机自动机场相关技术，实现无人机的全自动起降、巡检和自动返回。通过预设航线、任务计划和自动控制算法，无人机能够自主完成巡检任务，无需人工干预。全自主的巡检作业方式可减少人工干预需求，实现基础业务无人机全自主作业，作业全流程线上流转。

2. 自动充电与维护

无人机自动机场配备有自动充电和保养设备，能够在无人机完成巡检任务后进行自动充电和保养，确保无人机始终处于最佳状态。此外，将来自动机场还可以监测无人机的性能状态，及时发现潜在问题并进行预警，提高无人机的可靠性和使用寿命。

3. 多无人机协同作业

通过无人机自动机场的智能调度系统，可以实现多架无人机的协同巡检作业。根据电网的实际情况和巡检需求，自动调度无人机进行任务分配和协同飞行，提高巡检覆盖率和作业效率。

8.2.3　全智能

受限于巡检装备、无人机载荷等的局限性，部分巡检场景还采用人工巡检的方式进行巡视作业，存在人力资源和时间消耗大、安全风险高、覆盖范围有限以及数据收集效率低等劣势。部分专业虽已实现无人机自主巡检作业，但巡视任务生成、任务下达作业环节多，缺陷识别算法识别准确率不高，容易出现漏检、误检，巡检照片归档及处理依赖人工。

基于无人机自动机场技术及多种人工智能缺陷识别算法、智能调度算法的研发，构建智能高效的无人机巡检模式，降低运维成本和操作门槛，提升运检智能化水平。

1. 智能巡检装备应用

研制更智能、更可靠的无人机自动机场装备，赋能基层检修班组，推动电网运维检修作业质效提升。

2. 人工智能算法应用

建立巡检样本库，模型库。基于现有模型训练算法，植入深度学习的智能图像识别技术，提高模型训练效果，提升缺陷发现率和识别准确率，降低人工干预，实现客观、优质、高效的数据管理。

3. 作业现场安全监控

结合图像智能识别技术，无人机从自动机场出发，实时监控作业现场，从空中捕捉全局视角。通过跟随作业人员移动，无人机可以即时发现施工隐患和违章情况，大幅降低事故发生的可能性。

4. 巡检智能调度策略应用

构建多专业、多无人机、多机场巡检最优调度策略，实现跨专业多任务优化合并、一机多任务自动执行、区域跨专业任务协同、多机场紧急任务最优执行。

参 考 文 献

[1] 张钧，熊隆友. 无人机库自动巡检系统行业应用现状［J］. 中国科技信息，2023（24）：135-137.

[2] 李继广，布国亮，董彦非，等. 基于改进模糊层次分析法通信无人机机场选址［J］. 兵工自动化，2023，42（11）：83-87，96.

[3] 马培博，刘新，耿川，等. 基于粒子群算法的集中式多无人机静态任务分配［J/OL］. 无线电工程，2024，1（11）：1-9，［2024-01-11］http://kns.cnki.net/kcms/detail/13.1097.TN. 20231113.1434.004.html.

[4] 叶深文，张钢，罗志勇. 无人机集群巡检道路的航线规划与分布式机场选址方法［J］. 广东工业大学学报，2023，40（5）：64-72.

[5] 李琪冉，潘卓，吕文超，等. 高压输电线路巡检无人机自动机场优化设计研究［J］. 科技创新与应用，2023，13（24）：40-45.

[6] 韩洪豆，王志贺. 电力系统无人机全自动精细化巡检方案探讨［J］. 电子元器件与信息技术，2023，7（8）：55-57，61.

[7] 戴永东，黄政，高超，等. 多目标优化最低代价无人机机巢选址方法研究［J］. 重庆大学学报，2023，46（6）：136-144.

[8] 王宗洋，钟映春，周宏辉，等. 融合 UWB 和雷达信息的巡检无人机降落引导系统［J］. 今日制造与升级，2023（5）：108-110.

[9] 张小飞，王斌，孙萌，等. 面向无人机群目标探测架构和关键技术研究进展［J］. 太赫兹科学与电子信息学报，2023，21（4）：539-554.

[10] 李丹乐，李和丰，严雪莹，等. 变电站屋顶全自主无人机机场建设研究［J］. 农村电气化，2023，（1）：5-8.

[11] 任新惠，王柳，王佳雪. 基于分区优化的无人机全自动机场选址研究［J］. 运筹与管理，2023，32（6）：20-26.

[12] 陈宇，马成龙. 变电站无人机自主巡检系统的设计应用［J］. 机械研究与应用，2022，35（3）：123-125.

[13] 闫超，涂良辉，王聿豪，等. 无人机在我国民用领域应用综述［J］. 飞行力学，2022，40（3）：1-6，12.

[14] 前瞻产业研究院. 2022 年中国无人机自动飞行系统与自动机场需求市场调研报告［Z］. 前瞻产业研究院，2022.